호기심 소녀 별이와 괴짜 삼촌의 지구 탐험기

김현빈 지음
아메바피쉬 일러스트레이션

살림

초대장

to. 까만 밤하늘에 반짝반짝 빛나는 별들을
     좋아하는 별이와 친구들에게

　안녕. 난 별이의 삼촌 천체라고 한단다. 너희들과 처음으로 이렇게 만나게 되어 반가운 마음이 앞선단다. 우선 나에 대해서 좀 설명해 볼까? 모두 날 삼촌이라고 생각하고 편안하게 생각했으면 좋겠구나. 이름은 천체인데, 천재 삼촌이라고 불러도 무방하고 말이지. 원래 내가 좀 똑똑하거든.^^

　이 천재 삼촌은 우리가 살고 있는 지구라는 별에 대해서 연구하는 것을 너무너무 즐거워한단다. 물론 지구에 대해서 연구를 하려면 지구를 둘러싸고 있는 다양한 별들과 행성들도 함께 연구해야 한단다. 지구과학이라는 분야가 아주 광범위하기 때문에 공부하고 연구해야 할 것도 대단히 많아서 하루 24시간,

일년 365일을 모두 연구실에서 보내곤 하지.

　뭐? 좀 꼬질꼬질해 보일 것 같다고?
　으흠! 뭐 극구 부인은 못하겠지만 그래도 너희들이 생각하는 만큼은 아니니까 걱정하지들 말라고.

　뭐? 결혼은 했냐고?
　어허, 이런 중요한 프로젝트를 진행해야 하는 삼촌 같은 사람은 말이야 여자를 만나서 데이트를 할 틈이 없어요.^^;; 그래, 이 삼촌은 노총각이다. 됐냐? ㅠㅠ

　어쨌든 아까도 말했지만 남들보다 좀 뛰어나고 명석한 두뇌를 가지고 있는 이 삼촌에게 나라에서 거는 기대는 아주 크단다. 이 삼촌이 연구하는 프로젝트 결과를 노리는 많은 스파이들이 늘 내 주위를 맴돌고 있지. 아주 무시무시한 사람들이란다. 그래서 해외로 연구 성과가 빠져나가지 못하도록 삼촌의 연구실은 나라에서 특별 관리를 하고 있단다. 대단하지?

뭐? 그래서 삼촌이 연구하는 게 뭐냐고?

역시 별이 친구들답게 똑똑하구나. 이야기의 핵심이 무엇인지를 아주 잘 찾아낸단 말이야, 흐뭇하군. 흠흠! 이건 다른 사람들에게는 알려지면 안 되니까 너희들만 알고 있어야 한단다. 자 귀를 이리 가까이 대봐. 소곤소곤 말해야 하니까 말이야.

'소. 트.림. 억.제.에. 관.한. 연.구.를. 하.고. 있.단.다.'

아하하하하. 너희들이 그렇게 크게 웃을 줄 알았단다. 자! 궁금하지? 지구과학과 소 트림이 어떤 관계가 있을지 말이다. 그럼, 이 천재 천체 삼촌과 함께 지구 탐험을 한번 떠나볼래?

한 가지 힌트를 주면 말이다. 소 트림은 너희들이 놀랄 만한 일들 중 새발의 피 같은 경우란다. 더 어마어마한 놀랄 일들이 벌어질 테니 기대하고 이 삼촌에게 와도 좋단다.

으흠! 그럼 어서 너희들이 방학을 해서 이 삼촌과 함께 보낼 날들을 학수고대하면서 기다리고 있겠다.

한 가지 명심해야 할 것은 이 초대장에 대해서 아무한테도 이야기하지 말아야 하고 주변의 검정색 양복에 검정색 선글라스를 쓴 아저씨들이 보내는 의심의 눈초리를 항상 조심스럽게 경계해야 한다는 것이다. 만일 누군가 눈치를 채는 날엔 우리의 만남 자체가 이루어지기 힘들 테니까 말이다.

아, 어떻게 이 삼촌을 찾으면 되냐고?

마음속으로 간절히 바라면 그 길을 자연스럽게 찾게 될 테니 그건 너무 걱정하지 않아도 된단다.

그럼 삼촌은 다시 '소. 트.림. 억.제.에. 관.한. 연.구.' 에 몰두해야겠구나.

만나게 되는 그날까지 안녕⋯⋯.

from 천재 천체 삼촌

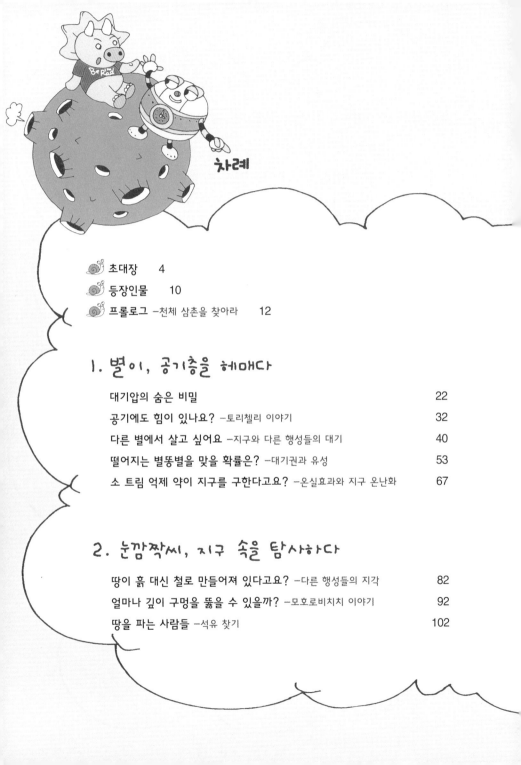

차례

3. 천체 삼촌, 돌을 관찰하다

4. 룡이, 지구의 역사를 배우다

등장인물

방글방글 안경

방울머리

물음표 티셔츠와 사전

주머니에는 항상 무언가 들어있어 불룩

땡땡이 바지

별이

천체 삼촌

호기심 많고 똑 소리 나는 소녀. 궁금한 것이 너무 많아 입만 열면 질문이 술술. "근데요~." "저기요~." "왜요?" 가 주로 하는 말들이다. 괴짜 삼촌의 엉뚱한 발명품 '눈깜짝씨' 덕분에 다양한 시간과 공간 여행을 하게 된다.

소 트림에 대한 연구를 하는 별이의 삼촌. 엉뚱하고 괴짜이지만, 별이에게만은 궁금증을 해결해 주는 최고의 삼촌이다. 하지만 늘 골치 아픈 말썽들을 일으키고 장난끼 다분한 별이 좀 덜 든 삼촌이다.

코를 누르면 커졌다 작아졌다 변신!!!

시계

삼촌한테 얻어입은 붉은 악마 티셔츠

뿔 두 개

Be the Red

눈깜짝씨

용이

더부룩 삼촌

가고 싶은 날짜와 장소를 입력하면 눈 깜짝할 사이에 그곳으로 데려다주는 천체 삼촌의 발명품. 하지만 입력한대로 정확한 장소로 순간이동하지 못하고 엉뚱한 장소에 도착해 당황스럽게 만들곤 한다. 천체 삼촌과 사사건건 툭탁거리고 삐치기도 잘 한다.

여행에서 우연히 '눈깜짝씨' 밑바닥에 붙어서 현실 세계로 오게 된 아기 공룡. 입에서 불을 내뿜을 수 있는 능력을 가지고 있다. 시간여행에서 충격을 받아서인지, 사람 말을 다 알아듣는다.

천체 삼촌의 둘도 없는 친구. 라이벌 관계이다. 늘 속이 더부룩하고 트림을 해댄다. 천체 삼촌만큼 어수룩한 면들이 있어 천체 삼촌의 실험 대상이 되기도 한다.

"별이야. 떡볶이 먹자. 내가 쏠게, 어?"

"나중에!"

"별이야, 별이야!!"

별이는 수업이 끝나는 종이 울리자마자 책가방을 쏜살같이 싸고
교실을 나갔다. 그 좋아하던 떡볶이조차 마다하고 책가방도 제대
로 닫지 않은 채.

별이가 뛸 때마다 책가방 속의 갖은 물건들이 뒤엉켜 출렁인다.
계단을 두세 칸씩 건너서 뛰어내려오는 바람에 하마터면 양동이

에 물을 가득 담아서 올라오던 체육복을 입은 남자아이와 부딪칠 뻔했다.

"미안, 미안. 내가 좀 바빠서 말이지."

급히 사과를 하고 건물을 뛰쳐나오다 교문 옆 화단에 물을 주고 있는 수위아저씨를 만났다.

"오, 별이야! 어딜 그렇게 급히 가니?"

"아, 아저씨. 방학 잘 보내세요. 그럼 안녕히……."

인사도 제대로 못한 채 별이는 계속 정신없이 뛰었다.

멍멍멍~

교문을 끼고 돌아 골목으로 접어드니 가게 앞에 있는 강아지가 아는 척을 하며 반갑게 짖어댄다.

"어, 그래그래. 미안~ 오늘은 너랑 못 놀아줘."

'오늘따라 시간은 없고 마음이 급한데 왜 이렇게 참견해야 하는 데가 많은 거야…….'

별이는 좀더 빨리 집에 도착하기 위해 있는 힘껏 달렸다.

별이가 오늘따라 이렇게 빠른 속도로 집을 향해 뛰어가는 이유는 며칠 전 집으로 배달된 한 장의 초대장 때문이었다.

아빠의 막내동생인 천체 삼촌은 별이에게는 좀 비밀스러운 존재였다. 삼촌의 특이한 이야기는 가족들에게 많이 들었고 명절이나 할아버지 생신날 등에는 집에 찾아오기 때문에 별이가 삼촌을 모르는 것은 아니다. 하지만 정작 삼촌이 뭘 하는 사람인지, 어디에 사는지 등은 하나도 알 수가 없었다. 단 한 가지 결혼도 못한 노총각일 거라는 것은 예리한 별이의 직감으로 알 수 있었다. 그렇게 꼬질꼬질하고 멋이라고는 한 군데도 찾아볼 수 없는 삼촌을 어떤 여자가 좋아하겠냔 말이다.

앗, 얘기를 하다보니 좀 다른 길로 새 버렸다. 도무지 무슨 일을 하는지 알 수 없었던 천체 삼촌이 별이 앞으로 한 장의 초대장을 보내온 거다. 그 초대장에서 삼촌은 자기 자신을 지구과학을 연구하는 사람이라고 소개했다.

'그럼 박사님이란 말인가?'

박사님들은 번듯하고 영리하게 생겨야 한다고 생각했던 별이는 삼촌의 말이 사실인지 아닌지를 엄마 아빠에게 여쭤보고 싶었다. 그러나 초대장 마지막에 "아무한테도 말하지 말라."고 쓰여 있었기 때문에 사실인지를 확인할 방법이 없었다. 그렇다고 딱히 다른 핑계를 대면서 물어볼 만한 것도 없고 말이다. 그래서 별이는 지금까지 전혀 알 수 없던 삼촌에 대한 궁금증과 호기심을 풀기 위해 삼촌이 말하는 '지구 탐험'을 떠나보기로 결심한 것이다.

헌데 문제는 어떻게 삼촌을 찾아가느냐 하는 것이었다. 누군가에게 물어볼 수도 없고, 극비라는데 물어본다고 누군가가 "천체 삼촌은 저기에 가면 찾을 수 있다."라고 가르쳐줄 것 같지도 않았다. 어떻게 하면 찾을 수 있을까를 고민한 끝에 별이는 삼촌이 보낸 초대장에서 약간의 실마리를 찾으려 했다.

우선, 삼촌은 지구과학 연구 분야에서 뛰어난 사람이라고 했다.

'오케이! 지구과학과 관련 있는 책이나 신문기사를 보면 삼촌의 이름이 나와 있을 거야. 게다가 소 트림 억제 연구를 한다잖아? 좀 쉽게 찾을 수 있으면 좋으련만…….'

그래서 며칠 동안 도서관과 인터넷 검색을 통해 삼촌의 이름을 발견하려고 잠도 안 자고 찾아보았다. 물론, 삼촌의 이름은 자주 등장했다.

천체 박사에 따르면…….

천체 박사는 소 트림 억제 연구를 통해 지구 환경을…….

주로 이런 식의 글들이었다. 헌데 인터넷 검색으로 찾은 문서와 책들에는 삼촌의 이름은 있었지만, 삼촌이 어디 사는지, 이메일 주소는 어떻게 되는지, 뭐 이런 것들에 대해서는 전혀 나와 있질 않았다.

"내일이면 방학인데……. 방학하면 학교에 안 가도 되니깐 삼촌에게 다녀올 수 있을 텐데, 삼촌이 어디 계신지를 알 수 있는 방법이 없으니 휴~~ 답답하다."

괴짜 삼촌과 지구 탐험을 떠날 수 있다는 생각에 잔뜩 기대가 부풀었던 별이는 실망해서 어쩔 줄 몰라하며 한숨만 푹푹 쉬었다.

그러던 순간,

"마음속으로 간절히 바라면 그 길을 자연스럽게 찾게 될 테니 그건 너무 걱정하지 않아도 된단다."라는 초대장의 내용을 생각해 냈다.

'그래. 그럼 기도를 한번 해 보자. 간절한 마음으로 말이지.'

별이는 두 손을 다소곳하게 모으고 눈을 지그시 감은 후 정말 진심을 담아 삼촌을 만나게 해달라는 기도를 했다. 태어나서 그렇게 뭔가를 위해 정성을 다해 본 일이 없던 별이었다. 그렇게 한참을 기도를 하고 있는데 별이 방 창문으로 웬 종이 비행기 하나가 날아 들어왔다.

"어? 이건 뭐지?"

기도를 마치고 눈을 뜬 별이가 마술처럼 나타난 종이 비행기를 펴보니 약간은 미로처럼 보이는 지도가 그려져 있었다. 게다가 삼촌의 메시지까지!

그렇다면, 이건 삼촌이 보낸 것? 정말 간절하게 원하면 찾을 수 있다는 게 맞구나 싶었다.

내일, 오후 4시까지 찾아올 것. 다시 한번 당부하지만 검정색 선글라스에 검정 양복을 입은 남자들을 조심할 것!

설레는 마음으로 하룻밤을 보내고…….

드디어 오늘!

별이는 학교 수업을 마치고 이렇게 집으로 뛰어가는 중이었다. 일단, 집으로 가서 책가방을 내려놓고, 어젯밤에 싸놓았던 여행가방을 짊어지고 부모님이 걱정하시지 않도록 천체 삼촌에게 갔다 오겠다는 편지를 남겼다. 삼촌이 부모님께 잘 말씀드리겠다고 하셨으니 부모님도 걱정하지는 않으실 거다. 별이는 약도에 그려진 곳을 향해 출발했다. 버스에서 지하철로, 다시 버스로 갈아타고 낯설고 집도 별로 없는 동네에 도착해 정신없이 걷다 보니 드디어 지도에 표시된 바로 그 장소에 도달했다.

떨리는 가슴을 진정시키면서 도달한 곳은 좀 이상하게 생긴 창고 건물이다. 심호흡을 한번 하고 무거워 보이는 철문을 양손으로 꼭 잡고 옆으로 있는 힘을 다해 밀었다.

끼이익~

묵직한 문이 날카로운 소리를 내면서 열렸다. 숨을 휴~ 몰아쉬며 별이가 조심스럽게 말했다.

"저기, 안녕하세요. 전 별이라고 하는데요. 저희 삼촌을 찾거든요?"

방울 머리. 호기심이 가득한 두 눈과 야물게 다물어진 입술. 얼핏 보아도 똑 소리 나는 소녀다. 별이는 호기심 많은 소녀답게 물음표 티셔츠를 입고 땡땡이 바지로 멋을 더했다. 그리고 무엇보다 별이를 눈에 띄게 만들어주는 늘 옆에 끼고 다니는 사전은 별이의 트레이드마크이자 언제든지 궁금한 것이 생겼을 때 바로 찾아볼 수 있어 아주 유용하다. 처음엔 좀 무겁고 불편했는데 이젠 사전을 들고 있지 않으면 허전할 정도이다. 호기심으로 똘똘 뭉친 똑똑한 소녀 별이.

별이는 이마에 송글송글 맺힌 땀방울을 닦으면서 창고 안을 둘러보았다. 제대로 찾아왔다면 이 창고가 바로 하루 24시간 지구에 대한 연구를 하는 별이의 괴짜 삼촌, 천체의 연구실일 것이다. 근데 이상하다. 삼촌은 화장실 갈 때만 빼곤(가끔 화장실 가는 것도 잊어버려 하루 종일 화장실 한 번 안 갈 때도 있다.) 늘 연구실 안에서 뭔지 모를 실험에 몰두해 있다고 했는데 무슨 일인지 보이질 않는다. 약속시간까지 정해서 오라고 해놓고 말이다. 약속 시간을 안 지키다니 예의가 너무 없는 거 아니야? 하는 생각에 입이 삐죽삐죽 나오려고 하는 순간, 연구실 안쪽에서 인기척이 느껴졌다.

'삼촌인가?'

별이,
공기층을 헤매다

대기압의 숨은 비밀

꺼~억~

인기척이 느껴진 쪽에서 이상한 소리가 들렸다.

'아이고, 깜짝이야. 엑~ 게다가 이 냄새는…… 너~무 지독하다~~.'

너무 놀라 엉덩방아를 찧어 버린 별이가 창고 구석을 보니 웬 소한 마리가 두 발로 서서 앞발로 삼촌의 어깨를 잡고 위협하고 있는 것이 아닌가.

"삼촌! 위험해!!"

놀란 별이가 삼촌에게로 뛰어가는데 소의 머리부터 발까지 마치

애벌레가 껍질을 벗고 나오듯 스르륵 벗겨졌다. 놀란 마음을 진정시킬 틈도 없이 삼촌만큼이나 괴짜 같은 헝클어진 머리의 아저씨가 소 탈을 벗고 나오는 것이 아닌가. 진짜 소가 아니라 사람이 소의 탈을 쓰고 있던 것이었다. 휴~.

"오? 별이 왔구나. 찾아오느라고 힘들지는 않았니? 윽, 그나저나 냄새가 좀 심하군. 읍!"

천체 삼촌은 한손으로는 코를 감싸 쥐고 한손으로는 별이의 머리를 쓰다듬으면서 반갑게 별이를 맞이했다.
"삼촌. 뭐하고 있었던 거예요? 그리고 이 아저씨는 누구……?"
"음. 별아 인사해라. 삼촌의 절친한 친구이자 유일한 라이벌이라고 할 수 있는 더부룩 삼촌이야. (귓속말로) 입 냄새가 좀 심하니깐 너무 가까이 가지는 마렴."
"아, 안녕하세요? 더부룩 삼촌. 전 별이라고 해요. 반갑습니다."

설마설마 냄새가 심하면 얼마나 심할까 하면서 가까이 다가가 인사를 꾸벅하는 별이. 더부룩 삼촌은 소 탈을 쓰고 있어서 더웠는지, 옷이 땀으로 흠뻑 젖어있었다. 더부룩 삼촌은 별이에게 한 발짝 다가가며,

"그래. 네가 별이구나? 호기심이 그렇게 많다며? 나도 네 얘기 많이 들었다."

오! 정말 입 냄새가 장난이 아니다.

"근데 삼촌, 뭐하고 있었어요? 깜짝 놀랐잖아요."

"그게 말이다. 드디어 소 트림을 막는 방법을 알아낸 것 같아서 말이지. 그래서 더부룩 군을 부른 건데, 휴~ 또 실패로구나. 뭐가 문제일까? 나의 천재적인 두뇌와 세밀한 손놀림이 만들어낸 이 약의 뭔가가 백만분의 일의 오차를 만들어낸 것 같은데 말이지."

"근데 이 탈은 뭐예요?"

"아하하하하, 나의 영민한 머리에서 나온 기막힌 아이디어지. 인간이랑 소는 생활하는 방법이 다르잖니? 인간은 두 발로 다니고 소는 네 발로 다니니깐 말이다. 뭐 이 정도는 별이도 잘 알고 있겠지? 하하하하, 그래서 내장의 위치가 좀 다르단 말이지. 따라서 약을 먹을 때, 자세를 소처럼 해야 한다는 결론에 이른 거지. 최대한 소처럼 말이야."

"끄으윽! 천체야. 근데 이 약 너무 속 쓰리다. 뭐 좀 마셔야겠는데……."

천체 삼촌이 설명을 하고 있는 와중에도 더부룩 삼촌은 트림을 했다. 더부룩 삼촌은 어려서부터 속이 더부룩했다고 한다. 그래서 이름도 더부룩인가? 암튼 더부룩 삼촌은 더부룩한 속 때문에 하루 에도 수십 번씩 트림을 했고, 트림을 막는 약을 발명하고 있는 삼촌 에게는 아주 좋은 실험대상이 되었다.

더부룩 삼촌은 냉장고 문을 열고 주욱~ 둘러보더니 문 쪽에 있던 바나나 우유를 하나 집어 들었다.

"별이도 하나 마실래?"

"네, 주세요. 학교 끝나자마자 부리나케 오느라고 간식도 못 먹 었거든요."

더부룩 삼촌은 바나나 우유를 방정맞게 쪽쪽 빨면서 별이와 천체

삼촌의 손에도 하나씩 쥐어주었다. 별이는 빨대를 꽂아서 한 입 빨면서 삼촌의 연구에 대해 궁금했던 것들을 물어보기로 했다. 삼촌은 왜 트림을 막는 약을 개발하는 걸까? 게다가 소의 트림을 막는 약이라니……. 정말 생뚱맞을 수밖에 없지 않은가?

"그나저나 삼촌, 소의 트림을 막는 약을 왜 개발하는 건데요?"
갑작스런 질문에 삼촌은 잠시 고민하는 듯했다. 인상을 썼다가 폈다가를 반복하면서 바나나 우유를 한 번 힐끗 보더니 자신 있다는 듯이 큰 소리로 웃으면서 대답했다.

"아하하하, 우리 별이가 궁금하다면야 이 천재적인 천체 삼촌이 설명해 줘야지. 우선 질문을 하나 해볼까? 우리가 이 바나나 우유를 빨대로 빨아먹을 수 있는 것은 무엇 때문일까?"
"빨대요? 빨 수 있으니까 그런 거 아닌가요?"

"그래, 그렇지. 너무나도 당연한 일이지만 빨대만 있다고 이 우유 통 속에 있는 우유가 올라오는 것은 아니지. 빤다는 것은 바로 공기의 압력, 대기압이라는 것과 관련이 있단다. 우리가 우유에 빨대를 꽂고 공기를 빨아올리면 빨대 안의 공기 압력은 어떻게 될까?"

"낮아지겠죠."

"그래, 빨대 안의 압력이 낮아지면 밖에서 대기압이 우유 표면을 눌러 우유가 올라오는 거야. 빨대 안보다 빨대 밖의 대기압이 상대직으로 더 크니까 대기압에 밀려 우유가 빨대로 올라오는 거지. 한마디로 대기압이 없다면 아무리 열심히 빨아도 우유가 올라오지 않아. 그럼 우리 우유를 빨면서 대기압을 느껴볼까?"

"히히. 좋아요, 삼촌."

"이봐. 천체군. 난 다 마셨는데 한 개 더 없나? 점심을 안 먹었었나? 배가 고프네."

이거! 왜 이렇게 안 빨리는 거야!

힘들어. 우유 먹으려다가 죽겠네!!

저렇게 많이 먹으니깐 더부룩 삼촌 속이 더부룩한 건 아닐까? 하며 별이는 더부룩 삼촌을 쳐다보았다.

"근데 삼촌, 달나라에서는 빨대로 우유를 먹을 수 없겠네요?"

"응?"

"그렇잖아요. 달에는 공기가 없으니까 대기라는 것도 없을 거고, 그럼 당연히 빨대로 이 맛있는 바나나 우유를 빨아먹을 수 없을 것 아니에요?"

"음하하하, 역시 천재 삼촌의 조카 별이는 뭐가 달라도 다르구나. 그렇지, 달에서는 아무리 열심히 빨대를 빨아도 우유가 올라오지 않는단다."

아~웅

그때 갑자기 연구실 한쪽에 있던 작고 동그란 기계 같은 것이 기지개를 켜듯 쫙 펴지면서 하품하는 듯한 소리가 들렸다.

"허거걱!"

별이는 갑작스러운 소리에 놀라 그만 엉덩방아를 찧을 뻔했다.

"으악~ 저게 뭐야? 괴물이다!!!"

더부룩 삼촌은 너무 놀란 나머지 발이 안 보이도록 달아나버렸다.

"아하하하하하. 더부룩 군이 내 발명품을 보곤 자존심이 상했나보군. 내가 자기보다 더 뛰어나다는 걸 이젠 인정하겠군."

"삼촌, 근데 이······ 이······ 이건 뭐예요?"

"하하하하. 놀라지 마라, 별아. 이 천재 삼촌의 과학적 영감에서 출발한 놀라운 발명품 '눈깜짝씨'를 소개하도록 하지."

"눈깜짝씨요?"

"안뇽. 별이라공? 반갑구낭. 잘지내장."

"헉! 말까지 하잖아요~. 정말 신기하다."

별이는 눈깜짝씨가 너무 신기해서 인사에 대답도 제대로 못하고 계속 처다보았다.

"눈깜짝씨는 원하는 시간과 공간으로 이동할 수 있는 아주 편리한 친구란다. 게다가 크기도 원하는 대로 변한단다. 지금은 사람보다 작은 크기이지만 코를 누르면 사람들이 탈 수 있는 크기로 변신가능하단다. 인공 칩이 내장되어있어서 사람처럼 생각도 하고 말도 할 줄 알아서 대화도 가능하지. 그런데 만들면서 뭔가 실수가 있었는지 말끝마다 'ㅇ'을 붙여 말을 해서 미안한 얘기지만 좀 바보같단다. 게다가 매번 제대로 이동 시켜주지는 않고 엉뚱한 시간과 엉뚱한 장소에 내려주곤 하니 좀 곤란한 경우도 있지. 하지만 전 세계적으로 유일무이한 존재이니 사소한 실수는 덮어주는 '센스!' 가 필요하지."

삼촌의 눈깜짝씨에 대한 소개에 눈깜짝씨는 의기양양하고 자신만만한 모습을 유지했다. 삼촌은 장하다는 듯이 눈깜짝씨의 머리를 쓰다듬더니 슬그머니 별이 옆으로 다가가 조그만 목소리로 다시 말했다.

"근데 사실은 말이지 골치가 좀 아플 때가 있단다. 종종 엉뚱한 실수를 하면서도 너무 나서서 잘난 척하고 삐치기도 잘한단다. 조금만 구박을 하면 꿈쩍 안 하고 눈을 감아버리니 과거로 갔다가 혹시라도 삐치기라도 하면 큰일이 아닐 수 없지. 달래주느라 얼마나 힘든지. 휴~ 그래도 잠을 자다가 눈을 번쩍 뜨면서 먼저 여행을 가자고 제안을 하니 미워할 수 없는 눈깜짝씨란다."

삼촌이 눈깜짝씨에 대해서 별이에게 설명하는 동안 눈깜짝씨는 잠에서 완전히 깼는지 활기찬 목소리로 말했다.

"그나저나 좀 전에 달이라고 했엉? 그럼 가봐야징. 눈깜짝씨가 눈 깜짝하는 새 데려다 줄껭."

눈깜짝씨는 자신의 코를 눌러서 순식간에 사람이 탈 수 있는 크기로 커졌다. 별이도 달에 가볼 수 있다는 생각에 처음에 가졌던 두

려움은 순식간에 없어지고 신이 나서 말했다.

"와~ 대단하다. 삼촌! 역시 최고!! 어서 가요. 전 준비 다 되었어요. 그런데 더부룩 삼촌은 저대로 그냥 두고 떠나도 될까요?"

"신경 쓸 필요 없다. 아마 지금쯤 어디선가 나의 위대한 발명품 눈깜짝씨에 대해 부러워하고 있을 게다."

"왜들 이러셩. 내 공도 모르고 말이징. 누구 때문에 여행을 할 수 있게 된 건뎅."

"아유, 참~~ 당근 눈깜짝씨 때문이지~~. 뭘 또 삐치고 그러셩~~."

별이는 눈깜짝씨의 말투를 따라하면서 달래자 그제서야 눈깜짝씨가 입을 벌렸다.

"자, 그럼 여기 지구로부터 38만 4,400킬로미터 떨어져 있는 달까지 눈 깜짝할 사이에 가보자고!! 눈깜짝군!!!"

"하참, 난 눈깜짝씨라니깐용? 자, 갑니당. 단단히 잡으세용."

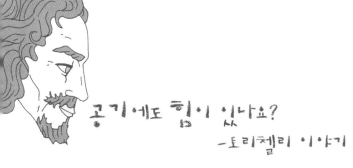

공기에도 힘이 있나요?
—토리첼리 이야기

"어, 근데 삼촌, 여기가 어디에요?"

"잉? 그러게나 말이다. 이봐. 눈깜짝군! 여긴 달은 아닌 것 같은데? 이게 어찌된 일인가?"

"어랑? 음흠흠흥."

눈깜짝씨는 약간 당황한 듯 헛기침을 해댔다. 평소 같으면 삼촌이 자신의 이름을 바꿔 부른 것에 대해 한마디 했을 텐데, 당황해서 삼촌의 이야기도 못 들었나 보다.

"여긴 1600년대의 이탈리아로궁. 이게 왜 또 여기로 온 거징……?"

에휴. 그러면 그렇지. 삼촌이 말한 그대로였다.

"1600년대면, 토리첼리가 살던 시대라궁. 달은 너무 잘 아니깡, 대기압 측정을 처음 시도한 토리첼리에 대해 먼저 알아보는 게 더 좋지 않겠엉? 내가 다 생각이 있어서 온 거라니깡~. 이거 왜 이랭, 나 눈깜짝씨양!"

눈깜짝씨는 자신의 실수를 인정하기는커녕 오히려 일부러 이 시대에 온 것이라며 시치미를 뚝 떼었다.

"에휴, 어쩔 수 없군. 별이야, 이왕 온 김에 토리첼리를 만나러 가 볼까?"

"토리첼리요? 에반젤리스타 토리첼리를 말하는 거죠, 삼촌?"

별이는 늘 가지고 다니는 사전을 펴서 죽 읽기 시작했다.

"1608년부터 1647년까지 살았던 에반젤리스타 토리첼리(Evangelista Torricelli)는 이탈리아의 물리학자이며 수학자로 수은 기압계를 발명했다."

"그래 맞단다. 참, 갈릴레오 갈릴레이(Galileo Galilei)는 잘 알고 있지? 토리첼리는 갈릴레이의 조수였어."

"어! 삼촌 저기 광부들이 있어요. 광부들이 펌프질을 하고 있는데요."

"그렇군. 이 당시 광부들은 광산에 지하수가 차서 넘치는 것을 막기 위해 펌프로 물을 빨아올렸단다. 그런데 아무리 힘 좋은 펌프를 가지고 힘차게 빨아 올려도 물을 10미터 이상 끌어올릴 수 없다는 것을 이상하게 생각했지. 아하하하, 역시 난 모르는 게 없다니깐? 자, 별이야 잘 들어보렴. 광산에서 물이 더 이상 올라오지 못하는 점을 보고 갈릴레이는 자연이 진공을 싫어하는 어떤 한계점이 있을 거라고 생각했지. 자연이 진공을 싫어한다는 것은 아리스토텔레스부터 계속 내려오던 생각이었거든. 그래서 갈릴레이와 토리첼리는 실험실에서 진공을 만드는 실험을 한 거지. 토리첼리는 갈릴레이와 함께 물보다 밀도가 13.5배나 더 높은 수은과 같은 액체를 사용하면 어떻게 될까 궁금했단다."

별이는 사전에서 갈릴레이를 찾아보고는 사진 속 갈릴레이와 같은 사람을 찾으려 얼른 주위를 둘러보았다.

"어, 근데 갈릴레이는 같이 없는데요. 토리첼리가 혼자서 저 높은 유리관에 수은을 채우고 한쪽 끝을 밀봉하잖아요."

"갈릴레이는 그 실험을 하지 못하고 죽었어. 그 후 토리첼리는 1미터 유리관에 수은을 채우고 한쪽 끝을 밀봉한 다음 수은 접시

에 이것을 거꾸로 세웠단다. 수은은 얼마만큼만 흘러나오고 76센티
미터가 되는 부분에서 멈추었지. 그리고 유리관 위에는
진공이 생겼지. 드디어 진공을 만들어 냈단다."

"진공을 만들어 낸 것과 대기압과는
무슨 관계가 있는데요?"

"그렇지. 별이가 궁금해 하
던 것이 바로 대기압이었지?
토리첼리는 이 실험을 하면
서 진공보다 더 중요한 사실
을 알게 되지. 같은 실험을
계속한 그는 유리관 속 수은
의 높이가 바뀐다는 것을 알
았단다. 대기에 의해 발생하
는 압력의 변화 때문이며 관
속의 수은주를 지탱하는 것
도 대기압 때문

이라고 생각했지."

"아까 빨대 안의 공기 밀도가 낮아져 대기압이 우유를 눌러 우유
가 올라온다는 것과 마찬가지군요."

"그렇지. 그렇고 말고. 어디 가서 천체 삼촌의 조카라고 꼭 얘기
하렴. 내 유전자를 물려받아서 네가 이렇게 똑똑한 거야. 어쨌든
그래서 그는 선배 과학자들이 무게가 없는 것으로 생각했던 공기
의 압력이나 무게를 처음으로 측정하기 시작하였단다. 그리고 수
은을 이용해서 원시적인 기압계를 만들게 되지. 물론 지금은 자기
기압계를 쓰지만 수은 기압계는 아직도 대기압을 측정하는 데 사
용한단다."

이때, 눈깜짝씨가 몸을 부르르 떨기 시작했다.

"뭔가 이상하당. 어서 안전벨트를 매랑."

별이와 천체 삼촌은 얘기를 하다 말고 안전벨트를 매고 손잡이를
꼭 잡았다. 부르르르르르르르를~~~

"이런 실수를 한 적이 없는뎅 뭔가 이상하당. 이런 수난을 겪게
해서 미안하당. 내부적으로 점검을 좀 해야겠당."

별이와 삼촌은 다시 연구실로 돌아왔다. 약간 어지러운 것만 빼

고는 모두 이상한 곳은 없었다.

"흠, 눈깜짝군을 좀 손봐야겠는데. 내 위대한 발명품이 이런 실수를 하다니……"

"근데요. 삼촌, 전 그래도 아직도 공기의 압력을 못 느끼겠어요. 이렇게 서 있어도 아무런 무게를 느끼지 못하잖아요?"

"그건 우리가 태어날 때부터 이런 환경에서 자랐으니까 못 느끼는 것이지. 너에게 한번 공기의 힘을 보여주지. 가서 알루미늄 캔을 하나 가져와라."

별이는 냉장고를 둘러보았다. 반쯤 마신 콜라 캔이 눈에 보였다.

"여기요 삼촌. 김이 좀 빠진 것 같은데요."

천체 삼촌은 꿀꺽꿀꺽 삽시간에 캔 속에 있는 콜라를 다 마셔버렸다.

"캬~ 김이 좀 많이 빠지긴 했구나. 이거 봐. 트림도 안 나오잖니? 원래 콜라를 마신 후엔 트림을 해야 제 맛인데 말이야."

"아유~ 삼촌, 트림 얘기는 그만하세요. 근데요, 알루미늄 캔은 뭐에 쓰시려고요?"

"아, 그렇지. 내가 깜빡했구나. 캔 안에 물을 조금 넣고, 지글지글

끓이다가 찬물에 빨리 넣으면, 봐라 어떻게 되니?"

별이는 삼촌이 말한 대로 실험을 해보았다.

픽!

"캔이 '픽' 소리를 내며 찌그러지네요. 왜 캔이 찌그러지는 건가요?"

"물을 담은 알루미늄 캔을 가열하면 물이 끓으면서 수증기가 되어 캔 안에 차게 되지. 그러면 캔 안의 공기는 어떻게 될까?"

"캔 밖으로 나가겠네요."

"그렇지. 그런 상태에서 캔을 찬물에 담가 식히면 수증기가 물로 변해 기체가 액체로 변하면서 캔의 내부는 진공에 가까워진단다."

"그럼 결국 밖의 대기압이 더 클 테니 캔은 외부의 대기압에 의해 찌그러지겠군요."

"이렇게 우리는 못 느끼지만 공기의 힘은 존재한단다. 우리가 다른 행성에 가면 여기와는 다른 기압이니 공기의 힘을 느끼게 되겠지."

"근데요. 그럼 우리가 우주 다른 공간에서 살 수 있을까요? 지구와 같은 공기를 가진 행성이 어디 있을까요?"

"이번엔 그게 궁금하니? 글쎄. 공상과학 영화나 책을 보면 다른 행성에 인간들이 살기도 하는데, 그게 가능할까? 화성은 어떠냐? 한번 알아보지 않을래?"

"화성에 대해선 제가 좀 아는데요. 화성은 지구 대기압의 0.007 기압밖에 되지 않아서 공기가 너무 적은걸요."

"그래도 한번 조사해보는 건 어떻겠니? 조사를 다 하고 나면 그 자료를 바탕으로 화성으로 가보자꾸나. 화성이라……, 괜찮겠군. 아하하하하, 별이 네가 조사하는 사이 이 천재 삼촌은 눈깜짝군을 좀 손봐야겠구나."

"삼촌, 이번엔 좀 제대로 고쳐주세요. 뭐 아주 엉뚱한 곳은 아니지만 계획에 어긋나는 곳에 착륙하니 문제 아니에요?"

별이는 삼촌에게 당부의 말을 전하고 바닥에 내려놨던 가방을 둘러메고 삼촌이 알려준 이층 방으로 올라갔다.

다른 별에서 살고 싶어요
-지구와 다른 행성들의 대기

이층은 별이가 잠을 잘 수 있도록 예쁜 침실과 서재로 꾸며져 있었다.

'오늘은 너무 피곤한 하루였네. 잠을 푹 잘 수 있을 것 같아.'

별이는 삼촌이 내준 숙제는 내일 아침부터 하기로 하고 깨끗이 씻고 단잠에 빠졌다.

다음날.

침실에서 서재로 향하는 별이. 2층 서재는 마룻바닥부터 천장까지가 모두 책으로 뒤덮여있어 마치 도서관을 옮겨온 것 같은 느낌이 들었다. 가운데에는 여러 명이 앉을 수 있는 커다란 테이블이 마런되어 있고, 한쪽에는 최고 성능의 컴퓨터가 놓여 있었다.

'뭐 이까짓 것! 화성에 대해서 알아보라는 건 나에겐 껌 씹는 것처럼 쉬운 일이지.'

별이는 서재에 있는 책들을 뒤져서 화성에 대한 기본적인 내용을 조사했다.

'음. 크기는 지구보다 조금 작고, 지구처럼 계절이 있군.'

별이는 인터넷도 찾아가면서 열심히 자료를 모았다.

"이 정도면 삼촌도 깜짝 놀라시겠지? 히히."

별이는 컴퓨터로 한 글자 한 글자 또박또박 치고 프린트까지 해서 정리한 보고서를 들고 내심 뿌듯한 마음에 계단을 내려가는 발걸음마저 가벼웠다.

삼촌은 소 트림을 막는 약을 발명하기 위해서 커다란 노란색 장갑과 물속에서나 쓸 것 같은 물안경을 쓰고 실험에 열중해 있었다.

"삼촌~! 별이 왔어요."

"오, 별이 왔구나. 잠도 잘 자고 숙제도 해 왔니?"

"당연한 말씀!! 제가 누군가요? 삼촌의 조카, 별이라고요!"

"아하하하하하, 삼촌이 지구상에서 가장 중요한 발명에 집중하느라 우리 별이가 삼촌의 조카라는 사실을 깜빡했구나. 어디 보자, 눈감짝군! 라이트를 켜서 이 보고서를 좀 비춰주겠나?"

"눈감짝씨라니까용! 에휴, 내가 말을 말아야징……."
눈감짝씨는 눈을 비비더니 힘을 팍~ 주었다. 그랬더니 눈감짝씨의 눈에서 자동차 헤드라이트 같은 빛이 뻗어 나왔다.

"와~ 이건 또 뭐예요?"
매사가 궁금한 별이가 물었다.
"눈감짝군을 손보면서 기능을 하나 업그레이드했지. 혹시 아니? 우리가 어두운 터널이나 지구 속에 들어갈지 말이야. 다 이 현명하시고 위대한 천재 삼촌의 준비성이라고 할 수 있지, 아하하하하하하."
"에유~ 어련하겠어요. 뭐 좋긴 하네요."

별이는 삼촌의 잘난 척을 그만두게 하기 위해서 얼른 정성껏 준비한 프린트를 꺼냈다.

화성의 특징

__화성의 전체적인 성질

직경 6,790km로 전체 표면적이 지구 총 대륙 면적과 비슷합
니다. 지구보다 작은 행성이죠. 밀도는 3.9g/cm³로 주로 규산
염으로 구성되어 있습니다. 화성의 표면도 지구와 같은 돌로
이루어져 있다는 거죠. 측정할 만한 자기장은 없습니다. 화성
에 갈 때 나침반은 가지고 가지 않아도 됩니다.

__화성의 대기

지구 대기의 1%에 못 미치는 얇은 대기층을 가지고 있습니다(0.007표면 기압). 혹
시 화성에 맨몸으로 내릴 생각은 하지 마세요. 그랬다가는 기압차이로 온몸이 부풀
어 올라 터져 버릴지도 모른다고요. 크기는 지구의 약 절반 정도로 표면 중력이 작
아서 대기는 희박하고, 대기의 대부분은 이산화탄소랍니다.

__화성의 기후

화성의 평균 온도는 약 −53℃이며 더운 여름에 적도 부근은 0℃까지 상승하기도
한답니다. 화성도 지구처럼 계절이 있는 것으로 밝혀졌어요. 어떻게 알았냐고요? 극
쪽에 물과 이산화탄소가 언 것으로 생각되는 극관이 있는데 계절에 따라 그 크기가
변하더라니까요.

__화성의 지형

대규모의 협곡에는 물이 흘러간 흔적 같은 것이 있어서 옛날에는 화성에도 지구처
럼 생명체가 살고 있었으리라 추측하기도 한다네요. 복잡한 지형의 화성 표면은 적
갈색의 바위나 흙으로 덮여 있으며, 육안으로도 붉게 보인답니다. 때로 매우 강한
바람이 불어 사막의 먼지가 화성 전체를 수개월 동안 뒤덮을 때도 있대요.

"어때요, 삼촌? 이만하면 무척 자세히 조사한 거 아닌가요? 꽤 쓸 만하죠?"

눈깜짝씨가 옆에서 보고서를 같이 보고 있다가 좀 샘이 났는지 눈을 껌뻑이고 입을 삐죽이기 시작했다.

"뭐 이 정도 가지고 그랭? 한두 시간 정도면 조사할 수 있었겠넹."

"눈깜짝씨, 무슨 말을 그렇게 하는 거야!! 내가 너무 잘해서 샘나니까 괜히 심술부리는 거지? 안 그래?"

눈깜짝씨는 못 들은 척 눈을 감고 딴 짓을 하기 시작했다.

"아하하하하, 그만들 하라고. 조사를 아주 잘했구나. 그래, 잘했다. 하지만 우리의 원래 목적이 무엇이었지?"

"지구처럼 사람들이 살 수 있는 행성이 있지 않을까 하는 거였지요. 화성에 우리가 가서 살 수 있지 않을까 하는 걸 조사해보라는 거였잖아요. 제가 조사했던 걸 바탕으로 추리를 해보면 말이죠. 화성에서는 사람이 살 수 없을 거예요. 온도가 낮아서 꽁꽁 얼어서 부서져 버릴 거예요. 더운 여름에 가도 맨몸으로 화성 땅을 밟는다면 기압차로 인해서 몸이 풍선 터지듯 터져 버릴 거고요."

"풍선이라고? 아하하하. 재미있는 상상이구나. 자 그럼, 이제 정말 사람이 살 수 있는지 없는지 알아보러 화성엘 가볼까?"

"아유~ 참. 삼촌. 화성에 가면 우린 터져 버린다니깐요? 제 이야기를 어떻게 들으신 거예요?"

"아하하하하, 걱정은 붙들어 매어두라고. 삼촌이 누구냐. 미리미
리 다 생각해서 눈깜짝씨를 만들었으니깐 걱정 마시고 얼른 타기
나 해."

아무리 삼촌이 그렇게 얘기를 해도 매번 뭔가 하나 작은 실수를
하는 삼촌이었기에 별이는 의심하지 않을 수 없었지만 새로운 모
험을 좋아하는 성격 때문에 눈깜짝씨에 올라탔다.

정말 눈 깜짝할 사이에 화성에 도착한 별이와 천체 삼촌.

그런데 화성에는 이미 무엇인가가 먼저 와 있었다.

"에헴! 눈깜짝씨가 말씀드립니당. 이번엔 정말 잘 도착한 것 같군
용. 여기는 1997년 7월 4일 화성표면입니당. 저기 착륙하고 있는 화
성탐사선은 1996년 12월 발사된 패스파인더입니당. 패스파인더는
화성탐사선으로 유명한 수십억 달러의 바이킹에 비해 수억 달러의
저렴한 예산으로 제작되고 여러 가지 새로운 시도를 행한 탐사선이
었습니당. 그래서 화성 개척에 대한 전망이 밝아졌지용. 패스파인
더는 착륙선으로는 처음 역추진 로켓이 아닌 에어백이라는 공기주
머니를 착륙의 충격을 흡수하는 쿠션장치로 이용했습니당."

"와~ 7개월 만에 화성에 도착한 거야?"

"화성탐사선이 7개월 걸려서 도착한 곳을 우리는 눈 깜짝할 사이에 도착한 거라공. 이제야 알겠엉? 내가 얼마나 대단한 눈깜짝씨인징~."

"어허, 이거 왜 이러나 눈깜짝군. 자네를 만든 게 누군데. 바로나, 전 세계적으로 지구를 연구하는 수많은 사람들 중에 외모 되지, 유머 되지, 어? 실력은 물론 최고라 할 수 있는 천체 박사라고!!!"

"무슨 말이셔용! 만날 고장나고 삐그덕거리는구망. 박사님이 내게 해준 게 뭐가 있어용. 이 어려운 환경 속에서도 나 눈깜짝씨니깐 꿋꿋이 버티면서 스스로 개발해 나가는 거징."

또 시작이다. 천체 삼촌이랑 눈깜짝씨는 둘이 서로 대단하다면서 말싸움을 하기 시작했다.

이제 그만~, 별이는 이 둘의 툭탁거림을 막기 위한 유일한 방법인 질문을 하기로 마음먹었다.

"근데, 눈깜짝씨. 저기 장난감 같은 차도 돌아다니고 있는데? 너무 귀엽다."

"에, 저것 말이양? 저것은 나노로보라고 이동형 탐사 차량이당."

사람도 없는데 어떻게 저 기계들이 혼자서 움직이는 걸까? 어디선가 무선조종기로 조종하고 있는 것 같은 느낌이었다. 가면 갈수록 세상엔 신기한 일들이 더 많이 일어나니 별이의 호기심도 끝이 없을 것만 같았다.

"패스파인더 이후에도 지구에서는 화성에 대한 탐사를 계속 하고 있단다."

"이렇게 조사를 계속 한다는 것은 뭔가 사람이 화성에 가려는 계획을 세우고 있다는 뜻 아닌가요?"

"우리 별이가 왜 그런 생각을 하게 되었을까?"

"그렇잖아요. 화성 같은 곳을 연구하다 보면 직접 와보고 싶은 생각이 들지 않겠어요? 그런 생각이 드는 건 당연한 거라고요."

"그래. 그렇겠구나. 하긴, 인류가 직접 화성에 가기 위한 계획도 있단다. 화성과 유사한 지형을 가진 캐나다의 북쪽 지역인 데본 섬의 한 분화구에서 유인탐사를 위한 실험이 이뤄지고 있단다. 여기에는 화성용 모의 거주 모듈이 설치돼서 6명씩 교대로 거주하면서 총 25명의 화성우주비행자원자가 생활했지."

"만약에 그 연구가 성공을 거두면, 미래에는 우리가 화성에서 살 수 있을지도 모르겠네요?"

"그래, 태양계 중에서 지구와 가장 비슷한 행성이니까 말이야.

그렇지만 다른 행성들의 조건은 지구와 더 많이 다르고
아직 모르는 부분이 많지."

"와~ 그런 날이 빨리 왔으면 좋겠어요. 그때쯤엔 화성
에 가는 사람들에게 자랑해야겠다. 나는 벌써 화성엘 가
봤다고 말이에요."

"그런 의미에서 처음으로 화성에 온 인간으로서 뭔가
자국을 남겨야겠는데 뭐가 좋을까?"

"뭐라고요? 화성 바닥에다가 '나 천체 왔다 가다.' 라도 쓰겠다는
거예요, 삼촌?"

정말 삼촌이 그런 생각을 했는지 얼굴이 벌게졌다.

게다가 갑자기 눈깜짝씨가 몸을 부르르 떨면서 온몸으로 뭔가를
털어내기 시작했다.

"뭐야, 눈깜짝씨?"

"아무것도 아냥."

밑바닥을 자세히 보니, 눈깜짝씨가 별이와 천체 삼촌 모르게 슬
며시 금을 거 놓은 것이 보였다.

눈깜짝씨 땅!!

"휴~ 망신이야, 망신. 이게 뭐야. 눈깜짝씨. 제발 철 좀 들라고."

"내가 뭘 망신스러운 일을 했다고 그랭. 나중에 화성 땅값이 올라서 내가 부자라도 되면 그때 후회하지 말고 별이 너도 어서 네 땅이라고 쓰라공. 흥~."

별이는 눈깜짝씨의 생각이 너무 황당하고 어이가 없어서 대꾸할 만한 가치도 못 느끼고 천체 삼촌에게 궁금한 것을 물어보았다.

"삼촌, 제 생각엔 화성의 대기가 얇아서 들어오면서 대기와의 마찰은 지구보다 적을 것 같아요. 모든 행성이 이렇게 대기가 얇은 건가요?"

"음. 호기심 덩어리 별이를 보면 어릴 적 내 모습이 떠오르는구나."

천체 삼촌은 추억에 잠기는 것 같았다.

"삼촌!!"

별이의 고함치는 듯한 소리에 삼촌은 깜짝 놀라 옛 생각에서 벗어났다.

"아, 그래그래. 질문이 뭐였더라…… 대기 말이지? 모든 행성의 대기가 다 얇은 건 아니란다. 지구보다 훨씬 더 두꺼운 대기층을 가진 행성도 있고 아예 대기층이 거의 없는 행성도 있지."

"맞아요. 책을 보다 보니 수성은 아예 대기권이 없었어요. 이 천체의 행성들은 지구와는 정말 많이 다른 것 같아요."

"그래 어떤 점이 다른데?"

"수성의 사진을 보니 온통 운석 구덩이 자국밖에 없던데요."

"지구에는 왜 그런 자국이 없다고 생각하니?"

"글쎄요? 그러고 보니 지구엔 그런 자국이 없네요. 희한하네……."

별이가 대답을 생각하고 있는 동안 삼촌은 불룩한 주머니에서 무언가를 주섬주섬 꺼내셨다.

소저너

달탐사 이후 처음으로 이동형 탐사 차량이 동원됐지요. 나노로 보라고 하는데요. 미국은 이미 달에서 유인 달탐사 차량을 운영한 경험이 있었습니다. 하지만 화성처럼 원거리인 곳을 지구에서 조정하는 무인탐사 차량은 처음이었지요. 착륙 후 칼 세이건 기념기지로 명명된 패스파인더 착륙선(예정수명 30일)과 탐사 차량 소저너 (예정수명 7일)는 예정됐던 수명을 훨씬 넘어 1997년 9월 27일, 원인 모를 통신두절이 있기까지 작동되었답니다.

떨어지는 별똥별을 맞을 확률은?
—대기권과 유성

"자, 지구와 수성의 사진을 한번 비교해보자. 지구 사진에는 구름도 보이는데 수성 사진은 구름은커녕 운석 구덩이 땅만 보이지? 지구는 수성과는 다르게 대기라는 포근한 보호막을 가지고 있는 셈이지."

"지구에 운석이 떨어지면 대기하고 부딪치면서 마찰이 일어나겠네요?"

"그렇지. 우주에서 지구로 떨어지는 운석과 같은 물질은 대기와의 마찰로 대부분 타버린단다."

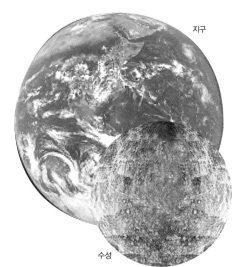

지구

수성

"근데요, 삼촌. 운석이 떨어지는 그 순간을 볼 수는 없을까요? 진짜 떨어질 때 모습 말이에요. 보고 싶어요."

"그래? 우리 별이가 원하는 거면 이 삼촌이 안 들어줄 수가 없지. 자 그럼 하늘을 한번 보러 가볼까?"

다시 눈깜짝씨에 올라 탄 별이와 천체 삼촌은 어느새 지구로 돌아와 유성이 떨어지는 하늘을 바라보았다.

"와~ 정말 신기하고 예쁘다. 눈깜짝씨, 눈깜짝씨도 저 별똥별보다 더 빨리 눈앞에서 사라질 수 있어?"

"왜 또 그러시낭. 내 이름이 괜히 눈깜짝씨양? 저까짓 별쯤이야 뭐 따라잡을 수 있다공."

"그럼 한번 해보지 그래? 내가 준비 땅 해 줄게."

별이의 놀림에 눈깜짝씨는 흥분해서 거친 숨을 몰아쉬었다. 별이는 눈깜짝씨의 흥분에 기죽기는커녕 혀를 삐죽 내밀며 더욱 약을 올렸다.

"근데 삼촌, 이름이 왜 별똥별이에요? 너~무 웃겨요, 히히히히."

별이는 웃음을 터트리며 삼촌에게 물었다.

"음, 재미있는 질문이구나. 유머러스한 것까지 날 닮았단 말이야, 아하하하. 이게 말이다. 전문용어로 하면, 유성이라고 하는데, 방금 봤던 것처럼 이렇게 빨리 공간을 가로질러 움직이는 별과 같다고 해서 흐르는 별, 즉 유성이라 불리는 거란다. 헌데 이 유성은 소행성의 조각이나 혜성의 잔재가 타는 것이거든? 그야말로 '똥'이라는 거지. 우리가 음식물을 다 소화하고 나서 '똥'을 남기는 것처럼 말이지. 그래서 붙은 이름이 바로 '별똥별'이야. 이런 걸 보면 지구과학이 어려운 것만은 아니지? 이 천재 삼촌이 바로 이런 매력에 흠뻑 빠져서 지구과학을 연구하고 있잖니, 아하하하하."

생각할수록 웃긴지 별이는 계속 깔깔대면서 삼촌에게 물었다.
"근데요. 삼촌. 이 별들은 어디로 가고 있는 거예요? 어딘가 도착지가 있을 거 아니에요?"
"참내, 꼬마가 별게 다 궁금하셩. 얼굴엔 주근깨 투성이면서 말이징! 그런 건 별들에게 물어봥~!!"
눈깜짝씨는 좀 전에 별이가 놀렸던 것에 대한 분이 아직 풀리지 않았는지, 별이의 말끝마다 계속 트집만 잡았다.

"아주 철학적인 질문이군. 사람은 어디로부터 왔다가 어디로 가는 것일까에 버금가는 아주 심오한 질문이야. 나도 어린 시절, 그런 고민들을 참 많이 했지."

삼촌은 또 추억에 잠기는 듯했다. 추억에 잠겨봤자, 별로 좋은 기억이 없을 텐데……. 하여간 폼만 잡는 삼촌이라니깐.

별이는 삼촌을 이대로 놔두어서는 안 되겠다 싶었는지, 큰 소리로 삼촌을 불렀다.

"삼촌!! 딴생각 좀 하지 마세요~!!!"

"아! 그래그래, 아하하하……. 우리 별이의 궁금증을 해결해 주려면 과거로 떠나봐야겠군. 눈깜짝군! 이번에는 이런 거대한 별똥별이 떨어지고 남은 운석 구덩이가 남아 있는 곳으로 한번 가보도록 하지!"

딴생각을 하다 별이에게 들킨 삼촌은 애꿎은 눈깜짝씨에게 화제를 돌렸다.

"눈깜짝군, 어딘 줄 알지?"

"당연하지용. 어딘지도 모르면서 지금 가자고 한 거예용?"

"어허허허허허허허, 날 뭘로 보고 하는 소리야! 나 천체야 천체."

"아휴~ 삼촌이야말로 그만 얘기하고, 유성 잔재가 있는 곳으로 어서 가 봐요."

"그래그래, 그러자꾸나. 눈깜짝군!"

"삐리삐리삐링. 눈깜짝씨가 지금 입력 중입니당. 자, 갑니다!"

휘리리릭~

이번에 눈깜짝씨를 타고 도착한 곳은 거대한 골짜기처럼 움푹 땅이 파인 지역이었다. 도대체 얼마나 큰 운석이 떨어지면 이런 자국이 생기는 걸까?

"우와! 이렇게 큰 골짜기가 있다니, 정말 놀라워요. 구덩이가 이렇게 큰 걸 보면 운석이 이렇게 컸다는 얘기겠죠? 정말 대단하다."

"아하하하, 운석 구덩이를 처음 보는 대부분의 사람들이 그렇게 생각하곤 하지. 하지만 아니란다. 운석이 이렇게 큰 것이 아냐. 이번에 실수를 안 해서 심심해 하고 있는 눈깜짝군이 이곳에 대해서 별이에게 설명해 주겠나?"

"까짓, 그러죵. 여기는 미국 애리조나주에 있는 베링어 크레이터로 알려진 애리조나 운석 구덩이입니당. 이 운석 구덩이는 약 5만 년 전 커다란 철 운석이 충돌하여 만들어진 것인데 만들어진 시기가 짧아 그 형태가 비교적 잘 보존되어 있습니당. 마치 밥공기 모양 같죵?"

"그러고 보니 우리 점심 먹었던가? 배가 좀 고프네."

꼬르륵~

또 딴소리를 하는 삼촌. 에휴~ 어쩜 저리도 산만한 걸까? 저런데도 누군가가 연구비를 대주는 걸 보면 참 용하다 용해.

"그럼, 여기 이렇게 떨어지기 전에 이 운석은 태양계 안을 돌고 있는 바위 덩어리였겠네요."

"그렇지, 어떤 것은 철 덩어리인 것도 있단다."

"이 운석 구덩이 크기는 얼마쯤 되나요?"

"이 운석 구덩이는 지름이 약 1.2킬로미터 정도입니당. 그렇지만 여기 있는 이 운석 구덩이를 만든 운석은 그 크기가 50미터 정도였습니당."

"아니 어떻게 그럴 수 있는 거지? 50미터로 배가 넘는 구덩이를 만들어내었다고?"

"아하하하, 놀랍지 않니? 우주의 신비란 인간의 상상으로는 감히 넘볼 수 없는 거란다. 보자, 운석이 떨어지면서 엄청난 위치 에너지가 발생한 거지. 그로 인해 마찰과 폭발을 하여 이런 거대한 구멍이 생긴 거란다. 핵폭탄의 위력과 같지. 과거 지구에 살았던 공룡들도 이런 운석의 충돌로 멸망했을 거라는 것이 유력한 학설이란다. 말이 나온 김에 공룡시대도 한번 가볼까? 눈깜짝군~."

"넹, 알겠습니당. 저만 믿으시라구용."

어느새 별이와 삼촌은 공룡시대에 와 있었다. 그런데 어마어마하게 큰 공룡들과 운석에 놀란 별이가 소리를 질렀다.

"삼촌 빨리 다른 곳으로 가요! 여긴 너무 무서워요~."

다시 공룡시대 전에 있던 곳으로 돌아온 별이는 이제야 안심이 되었는지 궁금했던 것을 삼촌에게 물어보았다.

"운석에 맞아서 죽을 수도 있나요?"

"뭐 종종은 아니지만, 그럴 확률이 없다고는 말할 수 없지. 하지만 걱정하지 마라. 우리 지구는 바다가 70퍼센트 이상이고 사람이 살지 않는 땅이 많아서 대부분의 운석은 눈에 띄지 않는 곳에 떨어진단다."

천체 삼촌과 별이가 이야기를 나누고 있는데 갑자기 눈앞에 다른 장소가 나타났다. 별이의 집은 아니었지만 어디서나 흔히 볼 수 있는 평범한 집이었다.

"여기는 왜 온 거죠?"

"글쎄다. 눈깜짝군이 뭔가 또 오작동을 일으킨 모양인데? 눈깜짝군?"

"기분이 좀 나쁘네용. 내가 뭐 만날 잘못 착륙하고 이상한 곳에 데려다 주고 그러는 줄 아나본뎅. 칭! 알아서들 하라고용."

콰광~

그때였다. 갑자기 운석 하나가 지붕을 뚫고 떨어지는 것이 아닌가? 운식은 기실 천장에 커다란 구멍을 내고 떨어졌다.

"아이고, 깜짝이야!"

"음……, 여긴 내 명료한 두뇌를 뒤져보면 말이다. 1982년 11월 미국 코네티컷주의 웨더스필드 로버트와 완다라는 부부의 집인 것 같구나."

"삼촌, 어서 집 안에 들어가 봐요. 119에다가 전화라도 해야 하는 거 아닌가? 아, 여긴 미국이니깐 911로 해야 하나?"

눈앞에서 운석이 떨어지는 것을 직접 목격한 별이는 호들갑을 떨었다. 집 안으로 들어가 보니 로버트와 완다 부부는 텔레비전을 보고 있다가 참변을 당한 것 같았다. 운석은 거실 천장에 커다란 구멍을 내고 다시 다락으로 튀어 올라갔다가 식탁 아래로 떨어져 있었다. 그나마 다행스러운 것은 로버트와 완다 부부가 손끝 하나 다치지 않았다는 거다.

"휴~ 다치지 않아서 정말 다행이에요. 저런 일도 일어날 수 있군요. 완전 마른하늘에 날벼락인데요."

"그럼, 그뿐만이 아니란다. 운석에 맞은 사람들도 있단다. 1994년 6월 호세 마틴 씨와 그의 부인은 휴가차 골프를 즐기기 위해 스페인의 마드리드를 떠나 여행을 가고 있었지. 그때 주먹만한 크기의 운석이 앞 창문을 깨고 들어와 그의 손가락에 상처를 입히고 자동차 뒷자리에 박혔단다."

"갑자기 무서운걸요."

"운석에 맞을 확률은 아주 적으니까 그런 걱정은 하지 않아도 된단다. 사람이 소행성 충돌로 인해 사망하는 경우는 연평균 200명꼴이니 항공기 사고에 의한 재해와 비슷한 거란다. 크게 걱정 안 해도 되겠지?"

"휴우, 어쨌든 지구의 대기권은 우리에게 큰 안전장치네요."

달

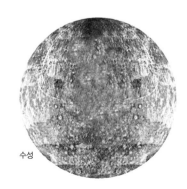

수성

"그래, 지구는 대기가 있어서 이런 것들이 중간에 많이 타 없어져 버리지만 수성은 대기가 없어서 그대로 부딪쳐 많은 운석 구덩이가 남은 거지. 수성에는 물과 대기가 없어 풍화 작용이 일어나지 않아서 운석 구덩이가 없어지지 않고 남아 있는 거란다."

"아, 삼촌! 수성과 비슷한 곳이 생각났어요."

"음, 그래?"

"예, 달이요. 달 사진을 본 적이 있는데 수성처럼 엄청나게 많은 운석 구덩이가 있었어요."

"그래, 달도 그렇지. 별이야 너 혹시 달에서의 하늘은 무슨 색일지 생각해 봤니?"

"하늘은 하늘색, 그러니까 파란색 아니에요?"

"그렇게 생각하기 쉽지만 하늘은 하늘색이라고 정한 것도 사람이잖아. 인간은 자기 중심적인 사고를 한단다. 자, 달에서 찍은 하늘 사진을 한번 보렴."

"어라? 검은색이네요."

"그래, 보다시피 검은색이란다. 달의 하늘이 언제나 검게 보이는 이유는 공기가 없기 때문이란다."

"아, 다행히 지구는 대기권이 있어 이렇게 파란 하늘을 볼 수 있다니 정말 좋아요. 삼촌 전 정말 파란 하늘이 좋거든요. 파란 하늘을 보고 있으면 콧노래가 저절로 나와요. 게다가 운석 걱정도 안 하고요. 운석이 떨어지지 않았으면 좋겠어요. 너무 무시무시해요."

"꼭 그렇게 생각할 것도 아니란다. 운석은 가만히 지구에 앉아서 우주의 물질을 받아 볼 수 있는 좋은 기회거든. 운석은 우리에게 우주에 대한 많은 사실을 알려준단다."

"하여간 우리가 사는 지구는 대기권이 있어서 이렇게 안전하다니까 좋아요."

"그뿐만이 아니란다. 우리는 이 대기 덕분에 달보다 따뜻하게 살고 있는 거란다."

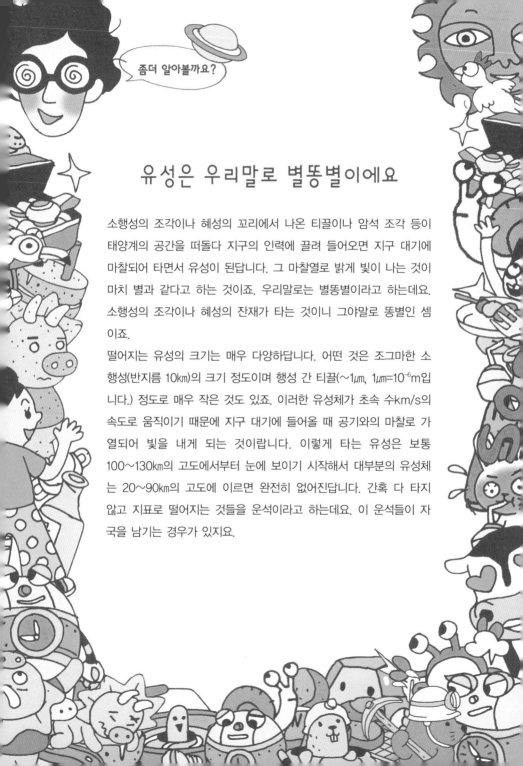

좀더 알아볼까요?

유성은 우리말로 별똥별이에요

소행성의 조각이나 혜성의 꼬리에서 나온 티끌이나 암석 조각 등이 태양계의 공간을 떠돌다 지구의 인력에 끌려 들어오면 지구 대기에 마찰되어 타면서 유성이 된답니다. 그 마찰열로 밝게 빛이 나는 것이 마치 별과 같다고 하는 것이죠. 우리말로는 별똥별이라고 하는데요. 소행성의 조각이나 혜성의 잔재가 타는 것이니 그야말로 똥별인 셈이죠.

떨어지는 유성의 크기는 매우 다양하답니다. 어떤 것은 조그마한 소행성(반지름 10㎞)의 크기 정도이며 행성 간 티끌(~1μm, 1μm=10^{-6}m입니다.) 정도로 매우 작은 것도 있죠. 이러한 유성체가 초속 수km/s의 속도로 움직이기 때문에 지구 대기에 들어올 때 공기와의 마찰로 가열되어 빛을 내게 되는 것이랍니다. 이렇게 타는 유성은 보통 100~130㎞의 고도에서부터 눈에 보이기 시작해서 대부분의 유성체는 20~90㎞의 고도에 이르면 완전히 없어진답니다. 간혹 다 타지 않고 지표로 떨어지는 것들을 운석이라고 하는데요. 이 운석들이 자국을 남기는 경우가 있지요.

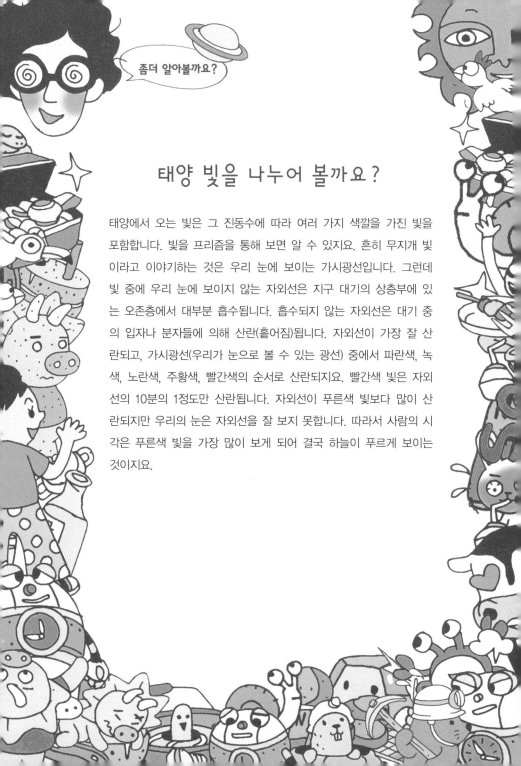

좀더 알아볼까요?

태양 빛을 나누어 볼까요?

태양에서 오는 빛은 그 진동수에 따라 여러 가지 색깔을 가진 빛을 포함합니다. 빛을 프리즘을 통해 보면 알 수 있지요. 흔히 무지개 빛 이라고 이야기하는 것은 우리 눈에 보이는 가시광선입니다. 그런데 빛 중에 우리 눈에 보이지 않는 자외선은 지구 대기의 상층부에 있 는 오존층에서 대부분 흡수됩니다. 흡수되지 않는 자외선은 대기 중 의 입자나 분자들에 의해 산란(흩어짐)됩니다. 자외선이 가장 잘 산 란되고, 가시광선(우리가 눈으로 볼 수 있는 광선) 중에서 파란색, 녹 색, 노란색, 주황색, 빨간색의 순서로 산란되지요. 빨간색 빛은 자외 선의 10분의 1정도만 산란됩니다. 자외선이 푸른색 빛보다 많이 산 란되지만 우리의 눈은 자외선을 잘 보지 못합니다. 따라서 사람의 시 각은 푸른색 빛을 가장 많이 보게 되어 결국 하늘이 푸르게 보이는 것이지요.

소트림 억제 약이 지구를 구한다고요?
—온실효과와 지구 온난화

별이는 지구의 대기가 추운 겨울날 몸을 따뜻하게 감싸주는 부드러운 솜이불처럼 느껴졌다.

'아, 정말 따뜻하다.'

그런데 정말 따뜻한 느낌이 들더니 어느새 따뜻하다 못해 화끈한 열기가 느껴지는 것 같았다.

"앗, 뜨거!"

뜨거운 느낌에 갑자기 눈을 뜬 별이. 아, 꿈이었구나. 하는 생각을 할 틈도 없이 옆을 보니, 웬 조그마한 공룡같이 생긴 동물이 입에서 불을 뿜고 있는 것 아니겠는가?! 그런데 이 공룡같이 생긴 동

물은 옷까지 입고 있었다. 그것도 그 유명한
빨간 월드컵 티셔츠를……

"어라? 이것 봐라? 너 누구니? 꼭 공룡 같은데?"
크아~

"어~ 별이 깼구나. 이번엔 한꺼번에 여러 군데를 돌아다녀서 좀
피곤했나 보구나. 잘 잤니?"
천체 삼촌은 이번엔 연구실 한쪽에 비닐하우스 같은 곳을 만들어
놓고 거기서 땀을 뻘뻘 흘리며 나오다가 잠에서 깬 별이를 발견하
고는 말을 건넸다.
"네. 삼촌. 근데, 얜 뭐예요? 너무 귀엽다~. 입에서 불도 나와요.
보셨어요? 히히히."
크아~
호기심 많은 별이는 계속 불을 뿜어내고 있는 공룡의 입을 신기
한 듯 쳐다보고 이리저리 만져가면서 삼촌에게 얘기했다.

"아하하하하, 지구상에 공룡은 우리 룡이 하나뿐일걸? 아마도 지
난 여행 중, 공룡시대를 다녀오면서 눈깜짝군 밑에 붙어서 따라왔
나 보더구나. 유유상종이라고 역시 똑똑한 천체 삼촌 실험실로 와

서 그런지 우리말도 다 알아듣는 것 같더구나. 이제부터 말을 좀 가르쳐볼까 하는 생각을 하고 있단다."

삼촌은 룡이의 머리와 별이의 머리를 번갈아 쓰다듬으면서 말했다.

"이름도 지어 주신 거예요? 룡이라…… 이름도 귀엽네요. 공룡시대에서 따라왔다고? 흠……."

별이는 현실세계로 함께 온 아기 공룡 룡이의 모든 것이 궁금했다. 삼촌에게 궁금한 것들을 물어보려는데 삼촌이 먼저 말을 꺼냈다.

"자, 그럼 서로 인사는 했으니 다시 별이의 궁금증을 해결하러 떠나볼까?"

"아, 맞아요. 어서 가요. 근데, 눈깜짝씨는 어디 있어요?"

룡이도 눈깜짝씨의 안부가 궁금한지 주위를 두리번거렸다.

"저 안에 있지, 안으로 들어가 보자꾸나."

연구실 한 구석에 자리 잡고 있는 비닐로 만들어진 온실.

그 온실로 들어간 별이는 바깥보다 너무 더워서 땀이 다 날 정도였다.

"근데 여기는 왜 들어온 거예요?"

"어떠냐? 무척 덥지. 온실의 비닐은 햇빛을 그대로 통과시킨단다. 그렇지만 온실에서 난방을 하는 난로의 에너지는 가시광선보다 파장이 긴 적외선이라 비닐을 잘 통과하지 못하지."

"그럼 대기도 이런 온실 역할을 하는 것이네요. 태양 에너지를 흡수한 지표면이 다시 에너지를 내보내는데 대기가 그것을 흡수하기 때문에 열을 더디게 잃고 따뜻하게 지낼 수 있는 거잖아요."

"그렇지, 역시 우리 별이는 하나를 가르쳐주면 열을 안다니깐? 그중에서 이산화탄소가 온실효과에 아주 큰 영향을 미친단다. 자, 다음 장소로 이동해볼까?"

별이와 삼촌 그리고 새 식구인 룡이는 온실 속에서 눈깜짝씨를 만나 또다시 이동을 하였다.

"삼촌, 축산 연구소는 왜요? 와~ 이 소들 봐요. 어마어마한 숫자인데요."

"별이 너 왜 이번 여행을 시작하게 되었는지 잊어버린 건 아니겠지? 내가 어렸을 땐 말이다. 한번 궁금했던 것은 그게 해결되지 않으면 잠도 안 자고 그걸 해결하기 위해서 책이란 책은 다 뒤지고 이 사람 저 사람 전문가라고 하면 다 찾아다니고……."

"아유~ 또 시작이시네~ 알아요, 알아. 더부룩 삼촌이 소 탈을 뒤집어쓰고 그 난리를 쳤는데, 그걸 기억 못 하면 바보 아니에요?

삼촌은 지구과학을 연구하는데, 왜 소 트림을 막는
약을 개발하려고 하는지에 대해서 물어본 거였잖
아요~. 삼촌, 조카 별이를 너무 무시하시는 거 아니
에요?"

또 시작한다 싶었는지 별
이가 얼른 삼촌의 말을
끊었다.

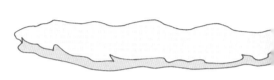

"아하하하, 미안하구나. 난 또 별이 네가 잊어버렸는지 알
았지 뭐냐. 그래, 맞아. 이 삼촌이 연구하는 소 트림을 막는
약이 도대체 왜! 지구과학과 연관이 있는 걸까? 너무 신기하
고 궁금했겠지? 자, 설명을 들어보렴."

삼촌은 모처럼 진지한 표정으로 별이에게 설명을 하기 시작했다.

"결론을 먼저 말하자면 말이다. 소가 트림을 하면서 뿜어내는 메탄가스도 지구 온난화를 일으키는 중요한 원인물질이라는 사실이 확인되면서, 축산기술연구소가 소 트림을 억제하는 약제를 개발 중이란다."

"네? 그럼 소의 트림이 지구 온난화를 가져온다는 건가요?"

"그런 셈이지. 문제는 소나 양, 염소 등 반추(되새김) 동물들이 트림을 하면서 내뿜는 가스가 바로 메탄이고, 그 양이 무시할 수 없는 수준이라는 데 있단다. 축산기술연구소의 부탁을 받아서 이 삼촌이 소의 소화능력을 강화시켜 트림을 억제할 수 있는 물질을 개발하는 거란다."

"성과는 있나요?"

"그럼~ 합성한 질산나트륨 등 6개 발효 조정제를 대상으로 실험한 결과 메탄가스 배출량을 최고 18퍼센트까지 줄인 적도 있단다."

"참, 별 대책을 다 세우는군요."

"오죽하면 그렇겠니. 이런 상황에서 소의 트림을 막아서 온실기체인 메탄가스의 방출량을 줄여보겠다는 연구는 인류를 지구 온난화로 인한 두려움에서 벗어나게 해 줄 중요한 대책이 될지도 모르는 것이란다."

"지구의 온실효과 증대로 인한 지구 온난화를 막는 다른 방법은 없을까요?"

"방법은 흔히 알려진 온실기체의 증가를 막는 것이지. 현재까지 가장 큰 영향을 미치는 온실기체인 이산화탄소량을 줄이기 위한 국가간의 협약을 지키는 것도 필요하고 프레온가스 사용을 금지하는 것도 중요하단다."

"우와. 삼촌 정말 대단한 일을 하고 있는 거네요? 이제까지 몰라봐서 미안해요. 삼촌."

오늘따라 더위를 먹었는지(온실에 너무 오랫동안 들어가 있었던 까닭인 것 같다. 폼을 너무 잡고 있더라고.) 말참견도 안하고 조용하게 자리를 지켰던 눈깜짝씨는 천체 삼촌의 설명에 감탄을 하면서 그 큰 눈을 글썽거렸다.

"옹~ 천체 박사니잉! 이렇게 훌륭한 분이 날 만드신 분이라니, 너무 감격스러워용~ 앞으론 대들지 않고 잘할게용! 그리고, 너 룡!! 너도 지구 온난화를 억제하기 위해서 해야 할 일이 있엉. 지금까지 열 번 불을 뿜었다면 십분의 일로 줄이도록 행. 그럼 몇 번이징? 음, 아융. 계산이 안 되넹……."

모처럼 기특한 소리를 한 눈깜짝씨가 십분의 일을 계산하지 못하자 모두들 웃음바다가 되었다. 룡이 역시 천체 삼촌을 우러러보면서 불을 최대한 자제하겠다는 의지를 보이는 듯 고개를 끄덕였다.

"아하하하하하하. 고맙구나 모두들. 뭐 누군가에게 멋있게 보이려고 이런 연구를 하고 있는 건 아니지만, 너희들이 나를 인정해 주니 기쁘기 그지없구나. 감개무량이다. 아이고. 눈물이 다 나네. 훌쩍~."

"아유~ 삼촌. 또 그렇다고 오버하심 재미없어요~오~!!"

"아하하하하하. 그래그래, 그만하고 이제 돌아가자꾸나. 사명감

을 가지고 연구를 해야지. 마침 내일 아침에 더부룩군도 다시 온다
고 했거든."

좀더 알아볼까요?

온실효과

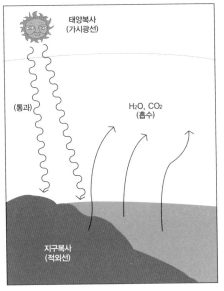

산업혁명 이후 석유, 석탄 등의 화석 연료의 사용이 많아지면서 대기 중의 이산화탄소 농도가 높아졌지요. 대기 중의 이산화탄소 농도가 높아지면서 온실효과가 더욱 커져 지구의 온난화 현상이 발생하고 있다는 이야기는 많이 들어보았을 거예요. 그러나 파장이 긴 적외선을 흡수하여 온실효과를 일으키는 기체는 이산화탄소만이 아니랍니다.

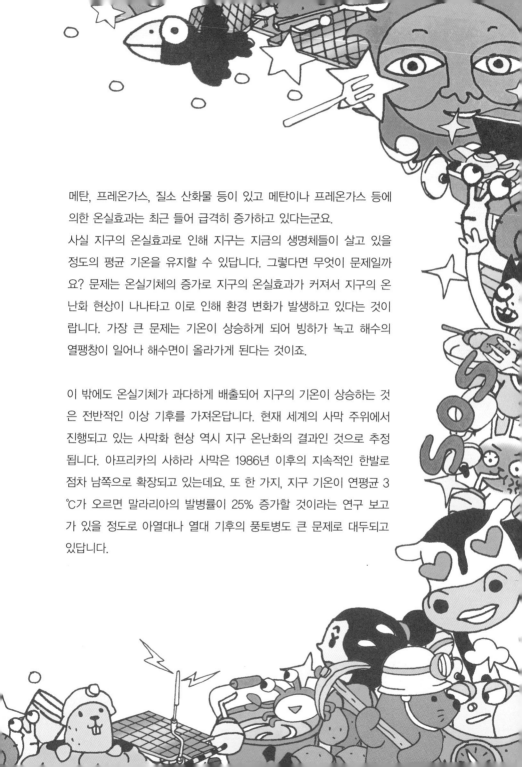

메탄, 프레온가스, 질소 산화물 등이 있고 메탄이나 프레온가스 등에 의한 온실효과는 최근 들어 급격히 증가하고 있다는군요.

사실 지구의 온실효과로 인해 지구는 지금의 생명체들이 살고 있을 정도의 평균 기온을 유지할 수 있답니다. 그렇다면 무엇이 문제일까요? 문제는 온실기체의 증가로 지구의 온실효과가 커져서 지구의 온난화 현상이 나타나고 이로 인해 환경 변화가 발생하고 있다는 것이랍니다. 가장 큰 문제는 기온이 상승하게 되어 빙하가 녹고 해수의 열팽창이 일어나 해수면이 올라가게 된다는 것이죠.

이 밖에도 온실기체가 과다하게 배출되어 지구의 기온이 상승하는 것은 전반적인 이상 기후를 가져온답니다. 현재 세계의 사막 주위에서 진행되고 있는 사막화 현상 역시 지구 온난화의 결과인 것으로 추정됩니다. 아프리카의 사하라 사막은 1986년 이후의 지속적인 한발로 점차 남쪽으로 확장되고 있는데요. 또 한 가지, 지구 기온이 연평균 3℃가 오르면 말라리아의 발병률이 25% 증가할 것이라는 연구 보고가 있을 정도로 아열대나 열대 기후의 풍토병도 큰 문제로 대두되고 있답니다.

좀더 알아볼까요?

대기권을 나누어 보아요

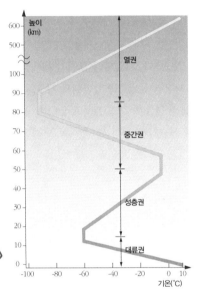

대기권은 고도가 높아지면서 온도가 변하는 것에 따라 대류권, 성층권, 중간권, 열권으로 구분합니다. 왜 이름을 이렇게 붙였냐고요? 다 이유가 있답니다. 먼저 태양 빛을 흡수하면 지표면이 공기보다 빨리 가열되므로 지표면에서 올라갈수록 온도가 내려가지요. 따라서 지표면의 따뜻한 공기가 올라가고 상층의 찬 공기가 내려와 대류 운동을 하기 때문에 대류권이라는 층이 생긴 것이죠.

따라서 대류 정도에 따라서 대류권의 높이는 달라집니다. 대류권의 높이는 지역에 따라 조금씩 다른데 보통 지표면으로부터 고도 10~17km까지랍니다. 대류 운동이 활발한 적도는 그 높이가 17㎞지만 상대적으로 차가운 지표면을 가진 고위도 지방은 10㎞정도이지요.

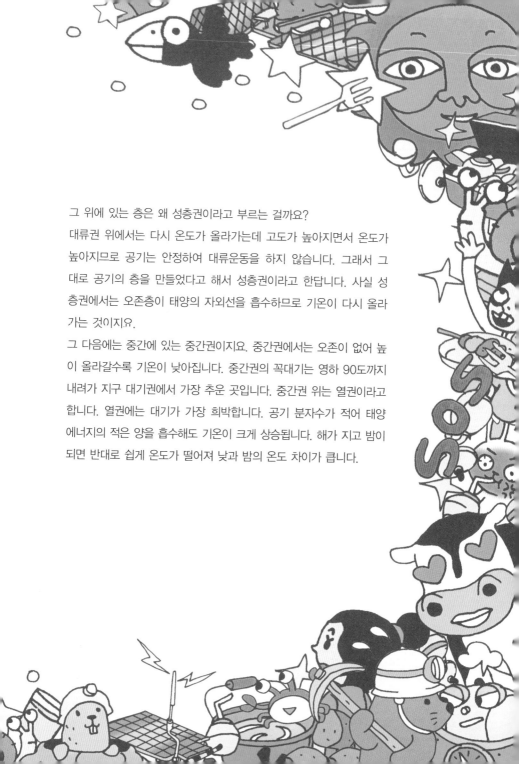

그 위에 있는 층은 왜 성층권이라고 부르는 걸까요?

대류권 위에서는 다시 온도가 올라가는데 고도가 높아지면서 온도가 높아지므로 공기는 안정하여 대류운동을 하지 않습니다. 그래서 그 대로 공기의 층을 만들었다고 해서 성층권이라고 한답니다. 사실 성층권에서는 오존층이 태양의 자외선을 흡수하므로 기온이 다시 올라가는 것이지요.

그 다음에는 중간에 있는 중간권이지요. 중간권에서는 오존이 없어 높이 올라갈수록 기온이 낮아집니다. 중간권의 꼭대기는 영하 90도까지 내려가 지구 대기권에서 가장 추운 곳입니다. 중간권 위는 열권이라고 합니다. 열권에는 대기가 가장 희박합니다. 공기 분자수가 적어 태양 에너지의 적은 양을 흡수해도 기온이 크게 상승됩니다. 해가 지고 밤이 되면 반대로 쉽게 온도가 떨어져 낮과 밤의 온도 차이가 큽니다.

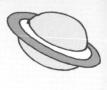

2

눈깜짝씨,
지구 속을 탐사하다

땅이 흙 대신 철로 만들어져 있다고요? —다른 행성들의 지각

  별이가 삼촌의 연구실을 찾아온 지도 벌써 일주일이 지났다. 별이는 베일에 가려져 있던 삼촌에 대해서 조금씩 알아가는 것 같아 기분이 너무 좋았다.

  게다가 삼촌과 지구 탐험을 통해 그동안 몰랐던 지구 바깥쪽에 대해서도 생생하게 알 수 있었고 지구 탐험을 하면서 잊지 못할 추억도 많이 만들었다. 역사 속 인물인 토리첼리나 저 멀리 떨어진 화성, 게다가 머나먼 과거인 공룡시대까지……. 삼촌이 아니었으면 꿈도 못 뀌볼 소중한 경험이었다. 물론 너무 신기하고 소중한 친구 눈깜짝씨와 룡이까지 생겼다.

  그동안 알아낸 삼촌에 대해서 정리를 하자면 삼촌은 괴짜이다.

괴짜라고는 하지만, 속옷을 일주일에 한 번 정도만 갈아입고 화장실 가는 것도 잊은 채 매일 신기한 연구에만 몰두해 있는 것만 빼고는 봐줄 만하다. 무엇보다도 별이를 일반적으로는 상상하기 힘든 재미난 곳들로 데리고 다녀주니 이런 삼촌이 한 사람 정도 있는 것도 나쁘지 않을 것 같다.

오늘따라 삼촌의 연구실이 잠잠하다. '펑' 하고 터지는 소리도 없고, 지난번 여행에서 따라온 룡이의 불꽃 쇼도 없고 끼기긱~ 소리를 내는 눈깜짝씨의 움직임도 없다. 무엇보다 호기심 백만 개 소녀 별이의 깔깔거리는 웃음소리와 똑 소리 나는 카랑카랑한 목소리가 들리지 않는다.

연구실 안을 들여다보니 별이와 룡이, 눈깜짝씨 그리고 천체 삼촌까지 모두 TV 앞에 나란히 앉아있다. 장엄한 음악과 함께 TV에는 브루스 윌리스 아저씨의 모습이 보인다. 별이와 삼촌, 눈깜짝씨와 룡이까지 DVD로 「아마겟돈」을 집중해서 보고 있다. 룡이는 긴장된 순간마다 입에서 작은 불꽃을 내뿜었다.

크아~

요즘 지구 온난화 때문에 최대한 자제하고 있었는데, 영화를 보는 두어 시간 동안은 어쩔 수 없었나보다.

결국 주인공의 희생으로 지구를 구하고 영화의 주제 음악이 나오고 자막이 올라가자 입을 헤~ 벌리고 영화를 보던 천체 삼촌이 입을 열었다.

　"아, 역시 대단하단 말이야. 오늘로 열 번을 채웠군. 보면 볼수록 더 재미있어진다니깐. 너희들은 잘 모르겠지만 이 영화에서 보여 주는 것들은 완전 상상으로만 이루어진 것은 아니야. 과학적 상식을 바탕으로 만들어진 것이지."

　"아이참, 그 정도는 우리도 알아요. 원래 영화를 비롯한 모든 연예·오락 프로그램들은 기본적으로 주변에 있을 법한 이야기들, 있었던 이야기들을 토대로 하는 거잖아요. 우리를 너무 무시하시네~. 섭섭하게……."

　"그러게나 말이서용. 별이가 말한 내용은 물론이고 이 영화의 배경도 알고 있는데용. 나사에 따르면 지구는 매 천 년마다 'Global Killer' 라 불리는 소행성 때문에 종말의 위기를 겪는다고 하지용. 6천 5백만 년 전에도 소행성이 지구에 충돌해서 생명체의 40퍼센트가 사라진 일이 있었어용. 또 이 영화가 나오기 불과 4년 전에는 길이 3마일의 소행성이 지구와 달 사이를 아슬아슬하게 지나가기도 했었고용."

　천체 삼촌에게 무시를 당하자 눈깜짝씨가 발끈하면서 평소 인터

넷을 통해 공부했던 지식들을 이야기하였다.

"게다가 지난 번 여행 때 운석에 대한 공부를 했었잖아요. 이 영화에서 나오는 소행성이 미국 애리조나주에 떨어졌던 운석보다 훨씬 크기 때문에 지구가 그 충돌로 인해 산산조각날까봐 소행성을 폭파시키려는 거잖아요."

"아하하하하, 배경 지식이 있는 상태에서 영화를 보니 영화를 백배나 더 재미있게 보고 또 깊이 이해할 수 있게 되는 것 같구나. 이 삼촌의 교육이 드디어 빛을 발하기 시작한 거야. 이 참에 아예 선생님이 되어볼까? 아하히하하하."

또 시작이다. 삼촌은 존경심이 들 만하면 여지없이 깨버리고 만다니깐……

"근데요, 삼촌. 영화에서 보면, 소행성에 도착해서 뚫기 시작하는 곳이 철 덩어리 지역이라 처음에는 날이 망가졌잖아요. 소행성의 땅은 지구의 땅과는 많이 다른가봐요?"

"아주 잘 보았구나. 소행성은 암석으로 이루어진 것이 있고 철로 이루어진 것도 있단다. 두 가지가 섞여 있는 것도 있고 말이지."

"땅이 철이라고요? 그럼 두드리면 소리도 나겠는걸요."

"소행성뿐 아니라 다른 행성들도 지구의 지각과는 많이 다르단

다. 영화에 보면 우주
선이 대기를 뚫고 땅
에 착륙하곤 하지? 그렇지
만 실제로는 그렇게 착륙할 수 없는 행성들도 있단다."

"예? 착륙할 수 없다면 땅이 없다는 건가요? 땅이 없을 수도 있다
고요? 이제까진 행성이면 지구처럼 대기가 있고 땅이 있다고 생각
했어요. 그게 당연하다고 생각했었는데, 진짜 놀라운데요."

"우리는 딱딱한 땅에서 살아가고 있으니깐 그게 당연한 거라고
여기는 것뿐이징. 모든 행성에는 반드시 지각이 있다고 생각하지
만 어떤 행성들은 고체 표면이 없는 것이 사실이양."

눈깜짝씨는 자신의 지식에 스스로 감탄하면서 말을 이었다.

"자, 별이양. 나 눈깜짝씨가 목성에 갔다고 생각을 해보자공. 목
성 위에는 착륙이라는 걸 할 수 없어서 단지 목성 안에 도달했다,
이렇게 표현할 수 있을 거양. 어쩜 좋앙~ 난 너무 똑똑한 것 같앙.
모르는 게 없잖앙~?"

"아유, 그래그래. 눈깜짝씨 정말 영민하다~. 영민한 눈깜짝씨, 이거 하나만 더 가르쳐주라. 목성에만 땅이 없는 거야? 아님 다른 곳도 땅이 없는 건가?"

"뭘 또 인정을 다 해 주고 그러낭. 이 정도 지식은 기본인뎅. 똑똑한 눈깜짝씨가 가르쳐줄겡. 토성도 땅이 없고 천왕성과 해왕성도 그렇당. 그래서 얘네들을 뭉텅이로 뭉쳐서 목성형 행성이라고 부르고 있징."

아무리 눈깜짝씨가 상세히 설명을 해줘도 별이는 이해가 잘 안 되는지 갸우뚱한다.

"근데 땅이 없으면 대체 뭐가 있다는 거야?"

눈깜짝씨와 별이의 대화를 가만히 듣고만 있던 천체 삼촌이 보충 설명을 위해 나섰다.

"그래 별이에게는 좀 어려울 수 있겠구나. 하긴

내가 너만 할 때 이런 지식들을 접할 수 있었다면 지금쯤은 목성에 가서 살고 있을지도 모르지. 흠, 암튼 말이야. 이것들은 주로 헬륨과 수소로 이루어진 매우 두꺼운 구름층이 있을 거라고 추측한단다. 그리고 수천 킬로미터 깊이에서는 압력이 높아 수소가 액체 상태로 변해 있을 거라고 생각된단다."

"그럼 이런 행성들은 탐사선이 착륙한 적이 없겠네요?"

"그렇지, 착륙이라고 말할 수 없지. 착륙이 아니고 통과라고 해야 맞겠지. 대부분의 우주탐사선은 이 행성들 주위를 통과해서 날아가거나 그 주위에서 머물면서 관찰하는 거란다."

"그럼 지구처럼 딱딱한 땅이 있고 적당한 대기층이 있는 행성은 없는 걸까요?"

"글쎄, 우주에 수없이 많은 또 다른 태양계가 있으니 우리 지구와 비슷한 행성이 있을지도 모르지. 그러면 또 누가 아니? 생명체가 살고 있을지도."

"오우! ET 말이에요?"

별이의 ET라는 말에 학구적이었던 연구실 분위기는 화기애애하게 바뀌었다. 룡이는 오랜만에 불을 한번 내뿜어주었다. 자기도 ET

를 안다는 표현일까? 아님 ET를 만나고 싶다는 표현일까? 별이는 장난으로 ET 이야기를 한 것이지만 사실 지구와 닮은 행성과 우리와 비슷한 생명체가 있을지는 아무도 모르는 일이다.

아마겟돈

「아마겟돈」에서는 'Global Killer'라고 불리우는 텍사스 크기의 행성이 시속 22,000마일의 속도로 지구를 향해 돌진해 옵니다. 6천 5백만 년 전 소행성이 떨어져 생명체의 40%가 사라진 이후에 지구는 최대의 위기를 맞은 것이죠. 그때, 나사(NASA, 미국항공우주국)는 사람을 직접 소행성에 보내어 소행성을 폭파시킬 계획을 세웁니다.

소행성의 중심부까지 구멍을 뚫어 핵폭탄을 직접 장착하기 위해 선택된 사람은 세계 최고의 유정 굴착 전문가인 해리(브루스 윌리스)였지요. 해리는 동료들과 함께 가야만 성공할 수 있다는 조건을 내걸게

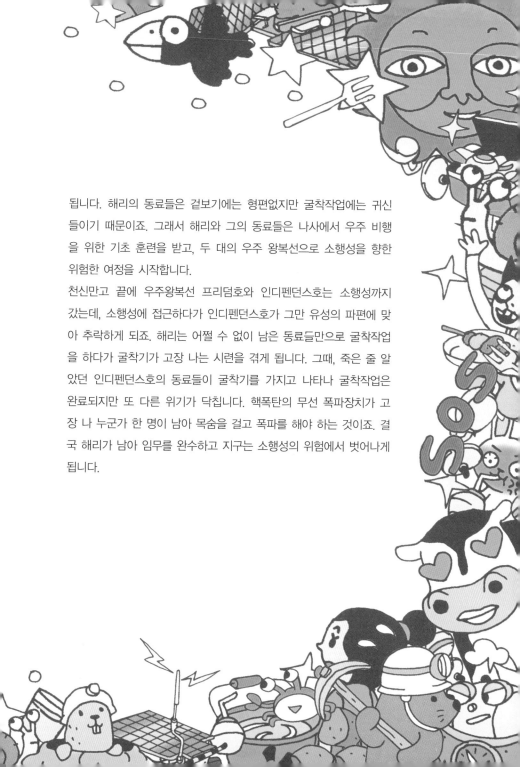

됩니다. 해리의 동료들은 겉보기에는 형편없지만 굴착작업에는 귀신들이기 때문이죠. 그래서 해리와 그의 동료들은 나사에서 우주 비행을 위한 기초 훈련을 받고, 두 대의 우주 왕복선으로 소행성을 향한 위험한 여정을 시작합니다.

천신만고 끝에 우주왕복선 프리덤호와 인디펜던스호는 소행성까지 갔는데, 소행성에 접근하다가 인디펜던스호가 그만 유성의 파편에 맞아 추락하게 되죠. 해리는 어쩔 수 없이 남은 동료들만으로 굴착작업을 하다가 굴착기가 고장 나는 시련을 겪게 됩니다. 그때, 죽은 줄 알았던 인디펜던스호의 동료들이 굴착기를 가지고 나타나 굴착작업은 완료되지만 또 다른 위기가 닥칩니다. 핵폭탄의 무선 폭파장치가 고장 나 누군가 한 명이 남아 목숨을 걸고 폭파를 해야 하는 것이죠. 결국 해리가 남아 임무를 완수하고 지구는 소행성의 위험에서 벗어나게 됩니다.

얼마나 깊이 구멍을 뚫을 수 있을까?
—모호로비치치 이야기

"근데, 삼촌! 도대체 땅이라는 건 뭐예요? 흙은 또 뭐고요?"

한번도 땅에 대해서 깊이 생각해보지 않았던 별이는 문득 궁금해
졌다. 대기가 무엇인지에 대해서 여러 가지 사실들을 알 수 있었던
것처럼 이번에도 땅에 대한 여러 가지를 배울 수 있을까?

천체 삼촌은 웃으면서 별이에게 말했다.

"아하하하, 별이 넌 내 잔꾀에 넘어가고 말았구나. 지구과학을
공부하려면 땅에 대해서도 잘 알아야 하지. 매일같이 책상 앞에 앉
아서 교과서를 외우는 공부를 하는 것은 너무 지루하지? 머릿속에

도 잘 들어오지 않고 말이야."

"맞아요, 삼촌!"

"이 영민하신 삼촌께서 괜히 너희들에게
「아마겟돈」을 보여줬겠니? 다 깊은 뜻이 있
어서란다. 별이 네가 대기에 대한 호기심을
가졌던 것처럼, 이제 지구 안쪽이라고 할
수 있는 이 '땅' 에 대해서 알아보자꾸나."

정말 삼촌이 깊은 뜻이 있어서 영화를 보여준 걸까? 아까 보니깐
비디오 대여점에서 빨리 반납하라는 재촉 전화가 걸려오던데, 혹
시 반납하기 전에 마지막으로 한 번 더 보려는 생각이 아니었을까?
어려운 질문 공세를 두 시간 동안 피하려는 전략은 아니었을까? 별
이가 이런저런 생각을 하고 있는데 룡이가 자꾸만 별이의 다리를
건드렸다. 어서 삼촌에게 궁금한 것들에 대한 해답을 얻자고 얘기
하는 것만 같다.

"깔깔깔깔. 간지러워, 룡아. 알았어, 알았다니깐. 삼촌! 그럼 우리
이번엔 눈깜짝씨를 타고 땅속으로 들어가는 거예요?"

삼촌은 당연하다는 듯이 고개를 끄덕였다.

생각만 해도 짜릿한 기분에 별이와 룡이는 벌써부터 신이 나 있

었다.

"지렁이를 만나면 뭐라고 해야 할까? 땅속 깊이 들어가다가 나무 뿌리에 걸려서 넘어지기라도 하면 큰일인데……."

룡이는 지렁이가 생각만 해도 무서운지 온몸을 오들오들 떨었다.

"자, 그럼 눈깜짝군! 땅속으로 들어가 볼까? 드디어 나의 발명품 눈깜짝군의 눈 헤드라이트를 제대로 써먹을 수 있게 되었군. 그동안은 말이야. 책 보는 데만 사용했었는데 말이지, 아하하하하하."

"좋아용. 자 그럼 지금 여기 대한민국 땅속으로 먼저 떠나볼까용?"

땅속은 어떤 광경일까? 흙으로 가득 차 있어서 앞을 못 보는 것은 아닐까? 하는 다양한 생각으로 별이는 흥분을 감출 수 없었다.

드디어 출발!

눈깜짝씨는 몸을 부르르 떨면서 눈 깜짝할 사이에 순간 이동을 했다.

"에게? 여기가 어디에요?"

"한동안 눈깜짝군이 제대로 이동한다 싶었더니 또 이런 실수를 저지르는군. 도대체 어떤 오류가 발생하는 것인지 도무지 찾을 수가 없네. 흠……."

"1909년 유고, 유고에 도착했습니당."

눈깜짝씨는 도착지점에 대한 간략한 정보를 말하고는 스스로도
놀랐다.

"에공? 왜 여기에 와 있는 거징? 또 천만분의 일의 확률로도 일어
나기 힘든 오류가 일어났궁. 도대체 왜 이러는 거징……. 천체 박사
님, 날 좀 제대로 고쳐달라고용!"

"아하하하하하, 1909년 유고라고? 뭐 그렇게 심각한 실수는 아닌
데 뭘 그래. 눈깜짝군! 지금이 정확하게 1909년 10월 8일이지?"

"넹. 그렇습니다망……."

"좋아. 어차피 한번은 거쳐 가야 할 시대와 장소라고! 여긴 1909년
10월 8일 모호로비치치(A. Mohorovičić)의 연구실이야. 여기 있는
그래프는 시간에 따른 지진파의 속도를 나타낸 그래프란다."

그때 갑자기 땅이 흔들리는 느낌을 받은 별이 일행은 너무 놀랐
다. 다만 천체 삼촌만이 여유있는 웃음을 머금었다.

"새가슴들이네. 괜찮아. 곧 괜찮아질 거야. 이 지진은 여기에서
약 40킬로미터 떨어진 지점을 진앙(지진이 일어나는 지점은 진원
이라고 하고, 이 진원지에서 똑바로 올라와 지표면과 닿은 지점을

진앙이라고 한다.)으로 한 지진이야.”

“근데 모호로비치치 아저씨는 뭘 저렇게 열심히 보는 거죠? 이름 참 모호하다. 그치, 룡아?”

룡이도 모호로비치치의 이름이 재미있는지 연달아 불을 내뿜으면서 고개를 끄덕였다.

“그래. 재미있는 이름을 가진 모호로비치치는 방금 발생한 지진의 지진파 주시곡선을 보는 거야. 저기 봐라, 주시곡선 도중에 구부러진 점이 있지? 계속 똑같은 물질이라면 저 부분만 갑자기 속도가 증가할 리가 없지. 뭔가 다른 면이 있다는 증거란다. 모호로비치치는 지진파가 갑자기 증가하는 불연속면을 발견했단다. 그래서 모호로비치치 불연속면을 줄여서 모호면이라고 부르는 거지. 이 불연속면에 대해서는 그 후 아들 스테판을 비롯하여 수많은 학자가 연구하고 있단다. 대를 잇는 아주 정겨운 모습이지. 나중에 우리 별이도 이 삼촌의 대를 이어주려나?"

"또 그 말씀이시네. 전 모험가가 될 거라니깐요? 그러니까 노총각으로 늙지 말고 어서 결혼하시라고요, 네? 이상한 얘기 그만하시고 어서 지구 내부 모습이나 보여주세요."

삼촌은 별이에게 지구 내부 그림을 보여주었다.

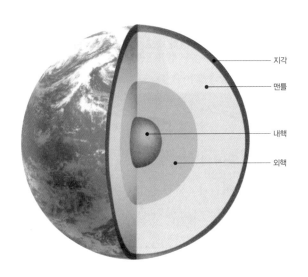

지각
맨틀
내핵
외핵

"지구는 여러 개의 층으로 나뉘어져 있군요. 그럼 다른 면들은 어떻게 발견한 거죠?"

"맨틀과 외핵의 경계는 구텐베르크(Beno Gutenberg)가 알아냈지. 그는 지진파의 주시곡선을 보다가 지하 2,900킬로미터 깊이에서 P파의 속도는 급격히 감소되고 S파는 더 이상 전파되지 못하는 사실을 알았어. 따라서 맨틀에서 안으로 들어가면 또 다른 물질의 층이 있다는 사실을 알아냈지. 그렇다면 경계면의 이름은 무엇일까?"

"너무 쉬운 문제다, 삼촌! 룡이도 알 것 같은데요. 모호로비치치의 모호면, 구텐베르크의 구텐베르크면, 맞죠?"

"그렇지. 구텐베르크는 독일 태생의 미국 지구물리학자인데 맨틀과 핵의 경계를 정하고 지진의 규모를 정의해서 지진학에 공헌을 했단다."

"외핵과 내핵의 경계도 있어요?"

"그래 그 면은 여성지질학자인 레만이 깊이 약 5,100킬로미터 불연속면을 찾아내서 레만면이라고 부른단다."

"이렇게 지진파로 알아내는 것도 좋지만 진짜 땅속을 들어가 보고 싶어요. 땅속에 들어가 본 사람은 없나보죠? 삼촌은 할 수 있잖아요."

"글쎄, 들어갈 수 있을까? 너라면 어떻게 땅속에 들어갈래?"

"그냥 열심히 파고 또 파면 될 거 같은데요? 아니면 눈깜짝씨를 타고 '땅속!' 이라고 입력을 시키든지."

"그건 그렇지가 않아요. 계속 땅을 파다보면 들어갈수록 압력이 커져서 다시 바깥쪽으로 나오게 된단다. 제일 많이 파봤자 10킬로미터를 넘지 못하는걸."

"10킬로미터밖에 안 된다고요?"

"그래. 세계적으로 가장 깊이 파고 들어간 광산은 3.5킬로미터 정도, 지하로 뚫은 시추공의 깊이는 약 10킬로미터 정도란다."

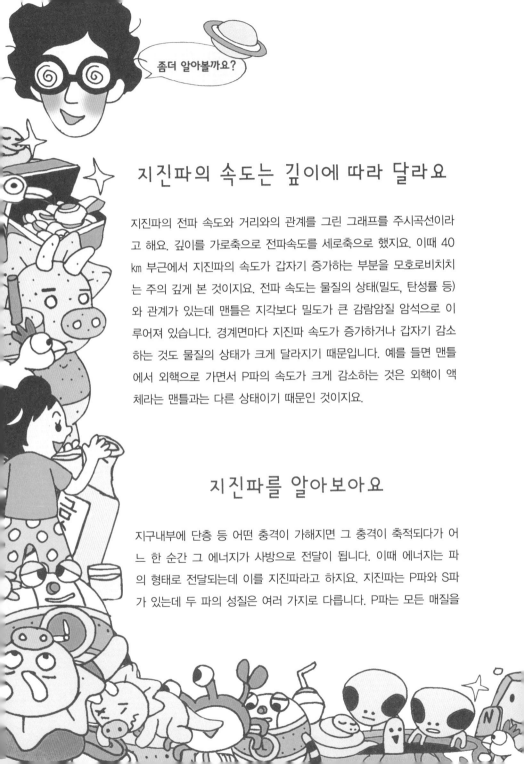

지진파의 속도는 깊이에 따라 달라요

지진파의 전파 속도와 거리와의 관계를 그린 그래프를 주시곡선이라
고 해요. 깊이를 가로축으로 전파속도를 세로축으로 했지요. 이때 40
km 부근에서 지진파의 속도가 갑자기 증가하는 부분을 모호로비치치
는 주의 깊게 본 것이지요. 전파 속도는 물질의 상태(밀도, 탄성률 등)
와 관계가 있는데 맨틀은 지각보다 밀도가 큰 감람암질 암석으로 이
루어져 있습니다. 경계면마다 지진파 속도가 증가하거나 갑자기 감소
하는 것도 물질의 상태가 크게 달라지기 때문입니다. 예를 들면 맨틀
에서 외핵으로 가면서 P파의 속도가 크게 감소하는 것은 외핵이 액
체라는 맨틀과는 다른 상태이기 때문인 것이지요.

지진파를 알아보아요

지구내부에 단층 등 어떤 충격이 가해지면 그 충격이 축적되다가 어
느 한 순간 그 에너지가 사방으로 전달이 됩니다. 이때 에너지는 파
의 형태로 전달되는데 이를 지진파라고 하지요. 지진파는 P파와 S파
가 있는데 두 파의 성질은 여러 가지로 다릅니다. P파는 모든 매질을

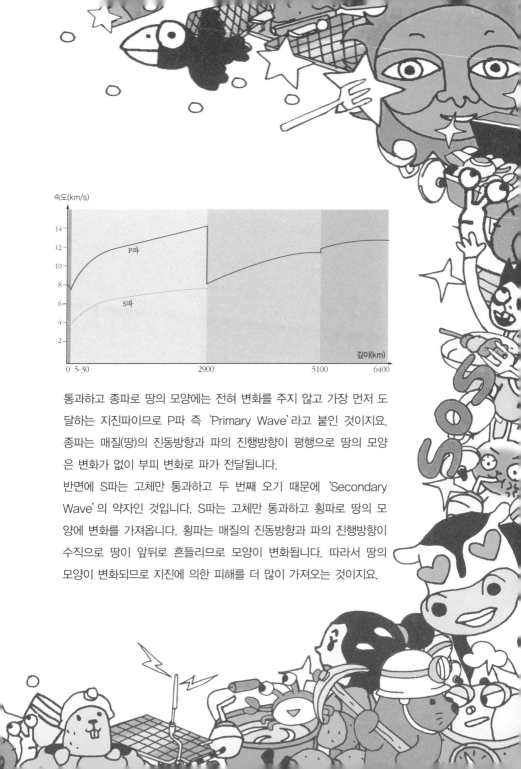

속도(km/s)

P파

S파

깊이(km)

0 5-30   2900   5100   6400

통과하고 종파로 땅의 모양에는 전혀 변화를 주지 않고 가장 먼저 도
달하는 지진파이므로 P파 즉 'Primary Wave'라고 붙인 것이지요.
종파는 매질(땅)의 진동방향과 파의 진행방향이 평행으로 땅의 모양
은 변화가 없이 부피 변화로 파가 전달됩니다.

반면에 S파는 고체만 통과하고 두 번째 오기 때문에 'Secondary
Wave'의 약자인 것입니다. S파는 고체만 통과하고 횡파로 땅의 모
양에 변화를 가져옵니다. 횡파는 매질의 진동방향과 파의 진행방향이
수직으로 땅이 앞뒤로 흔들리므로 모양이 변화됩니다. 따라서 땅의
모양이 변화되므로 지진에 의한 피해를 더 많이 가져오는 것이지요.

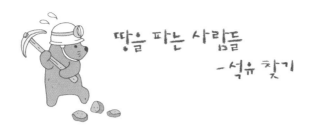

땅을 파는 사람들
－석유 찾기

"시추요?"

"그래 시추, 강아지 종류 중에 시추 말고."

"알아요~ 알아. 아까 본 「아마겟돈」에 시추선에서 일하는 기술자들이 나왔잖아요."

"아하하하. 그래, 그랬구나. 시추는 땅속에 구멍을 뚫고 암석을 끄집어내는 것을 말한단다."

"꺼내서 뭘 해요?"

"지구 내부를 알고 싶어서 하는 경우도 있고 석유나 다른 자원 개발을 할 때 미리 시추를 해서 땅속의 구조를 알아보지."

"이렇게 단단한 땅을 어떻게 뚫는 거죠?"

"여러 가지 방법이 있는데 그중에 다이아몬드처럼 가장 단단한 것을 파이프 끝에 끼고 땅에 회전을 시켜서 뚫는 방법이 있단다."

"왜 다이아몬드를 사용해요? 우리 엄마가 얼마나 좋아하는 건데, 아깝게시리……."

"땅을 뚫기 위해서는 가장 단단한 광물이 필요하지 않을까?"

"그럼 다이아몬드가 가장 단단한 광물이에요?"

"그렇단다. 그리고 이렇게 쓰는 다이아몬드들은 공업용으로 보석으로 가치가 없는 것들이야."

잠시 후, 이번에는 땅속으로 이동한 별이네 일행. 별이는 깜깜한 구석에서 웃고 있는 사람을 보았다.

"아휴, 저분은 왜 저렇게 땅속에서 기어 다니는 거죠? 꼭 개미 같아요."

"그녀는 석유 지질과학자야. 수잔 랜던이라고 하는데 석유와 천연가스가 매장되어 있을 듯한 바위와 지형을 분석하지."

"우와! 대단해요. 어떻게 석유가 있는 곳을 알아내죠?"

"수잔은 석유와 천연가스를 포함할 수 있는 습곡이나 단층 지역을 탐색한다. 화학, 지질학, 지리학, 생물학, 그리고 수학적 지식을 이용해서 필요한 지역의 인공위성 사진, 대기사진, 지형도와 바

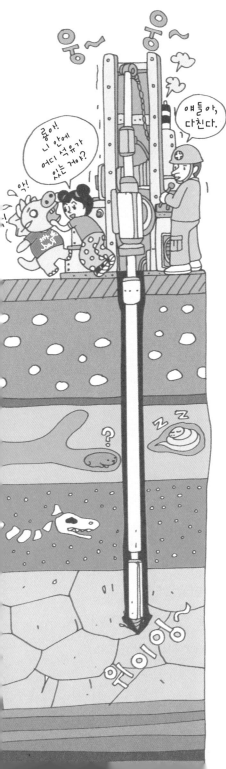

위에 관한 정보 등에 관한 데이터를 사용해서 많은 양의 석유나 천연가스를 예견할 수 있단다. 땅속에 있는 석유나 천연가스를 예견하는 일, 멋진 직업 아니니?"

"게다가 석유는 정말 우리 생활에 꼭 필요한 거잖아요. 요즘 석유 값이 올라서 다들 걱정이라는데 석유를 많이 찾아냈으면 좋겠어요. 우리나라에도 이런 일을 하는 사람들이 있나요?"

"그럼, 탐사 기술사, 응용 지질 기사, 지하자원개발 기술사 또 시추를 전문적으로 하는 기능사들도 있단다."

열심히 설명을 듣고 있던 룡이가 불을 내뿜었다.

"어, 근데 삼촌. 룡이는 어떻게 입에서 불이 나와요? 석유가 필요한 거 아닌가? 룡아, 입 좀 벌려봐. 조사를 좀 해보게. 네가 우리나라의 중요한 자원이 될 수도 있는 거잖아!!"

입을 벌려서 손을 넣으려는 별이를 피해 룡이는 잔걸음으로 뛰어 달아나고 그런 룡과 별이를 보고 눈깜짝씨와 천체 삼촌은 배꼽이 빠지도록 웃었다.

시추란 무엇일까요?

지층의 구조나 모양을 알기 위해서 지각 속에 작은 구멍을 뚫고 돌을 꺼낸답니다. 또는 석유, 천연가스, 온천, 지하수 등을 채취하기 위하여 이루어집니다. 사용 목적에 따라 그 깊이는 수 m에서 수천 m가 되기도 하지요. 굴착 방법에 따라 분류하면, 비트에 충격을 주어 암석을 부수고 구멍을 뚫는 충격식과, 철관(파이프) 끝에 다이아몬드, 초경합금을 끼워 넣은 비트를 암석면에 대하여 누르면서 회전시켜 구멍을 뚫는 회전식이 있습니다. 회전식 시추에서는 암석을 '코어'라고 하는 가는 봉 모양으로 뽑아낼 수 있기 때문에, 암석이 어떤 것인지 알 수 있지요. 세계적으로 가장 깊은 시추 구멍은 미국의 유전지대에서 뚫은 8,000m에 달하는 것이 있답니다.

시추는 구멍 속에 여러 가지 조사용 측정기구, 실험용 장치 등을 삽입시킬 수 있기 때문에 지각 내부의 구조나 상황을 조사하기 위한 구멍으로도 사용됩니다. 그 밖에는 발전소의 댐공사나 건물의 기초 조사 등의 용도로도 사용되지요.

응용 지질 기사

광산을 조사하고 탄전 및 유전의 조사와 시추, 지질조사에 관한 사항

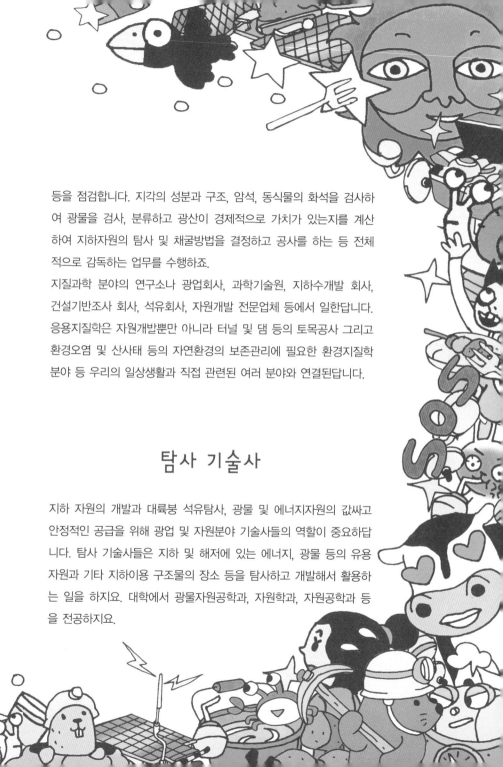

등을 점검합니다. 지각의 성분과 구조, 암석, 동식물의 화석을 검사하여 광물을 검사, 분류하고 광산이 경제적으로 가치가 있는지를 계산하여 지하자원의 탐사 및 채굴방법을 결정하고 공사를 하는 등 전체적으로 감독하는 업무를 수행하죠.

지질과학 분야의 연구소나 광업회사, 과학기술원, 지하수개발 회사, 건설기반조사 회사, 석유회사, 자원개발 전문업체 등에서 일한답니다. 응용지질학은 자원개발뿐만 아니라 터널 및 댐 등의 토목공사 그리고 환경오염 및 산사태 등의 자연환경의 보존관리에 필요한 환경지질학 분야 등 우리의 일상생활과 직접 관련된 여러 분야와 연결된답니다.

탐사 기술사

지하 자원의 개발과 대륙붕 석유탐사, 광물 및 에너지자원의 값싸고 안정적인 공급을 위해 광업 및 자원분야 기술사들의 역할이 중요하답니다. 탐사 기술사들은 지하 및 해저에 있는 에너지, 광물 등의 유용 자원과 기타 지하이용 구조물의 장소 등을 탐사하고 개발해서 활용하는 일을 하지요. 대학에서 광물자원공학과, 자원학과, 자원공학과 등을 전공하지요.

3.

천체 삼촌,
돌을 관찰하다

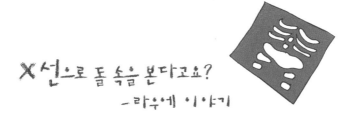

X선으로 돌 속을 본다고요?
— 라우에 이야기

볼록 튀어나온 배, 쫙 퍼진 어깨, 활처럼 멋진 곡선을 그리면서 하늘을 향해 뻗어있는 짧은 꼬리. 룡이는 눈 깜짝도 안하고 앞마당에서 포즈를 취하고 있다. 그리고 그 앞의 야외 책상에 앉아 있는 별이는 아주 심오한 표정을 지으면서 무엇인가를 만들고 있다.

끼이익~

"별이야, 뭐하니?"

문을 열고 나온 삼촌은 별이와 룡이가 마당에서 하고 있는 일이 통 감이 잡히지 않는지 고개를 갸우뚱거리면서 물어보았다.

"미술 숙제 하는 중이에요. 룡이를 모델로 작품을 하나 만들어

보려고요."

별이는 온 신경을 집중해서 숙제를 하고 있는 탓에 천체 삼촌을 쳐다보지도 않은 채 대답했다.

"어? 그래, 뭐 그렇담 할 수 없지. 삼촌은 좀 나갔다 와야겠구나."

무슨 일인지 궁금한 마음에 고개를 돌린 룡이가 삼촌을 보고 놀랐는지 불을 내뿜었다.

"룡! 너 협조 안하면 담부터 같이 안 놀아줄 거야!!"

룡이를 구박하기는 했지만 별이는 갑작스런 룡이의 태도가 이상해서 삼촌 쪽으로 고개를 돌렸다.

'와~ 우리 삼촌 맞나?'

늘 하얀 가운에 덥수룩한 머리를 하고 있던 삼촌이 아니라 웬일인지 멋지게 양복을 차려입었다. 수염도 깨끗이 깎고 머리엔 무스까지 발랐다. 별이와 룡이의 놀란 표정에 무척 으쓱해하며 넥타이를 매만지던 천체 삼촌. 그런데……

깔깔깔깔~

갑자기 별이가 자지러지게 웃자 삼촌은 의아해하면서 물었다.

"왜 웃냐? 멋지지 않냐?"

"삼촌! 바지도 입어야죠. 바진 안 입고 그렇게 나가려고요? 그래

이 삼촌의 미모가 다이아몬드보다 눈부시지 않니?

바지나 제대로 챙겨 입으세요. 삼촌!

저기요…

도 신발은 신었네. 깔깔깔깔."

"뭐라고? 허거걱!"

깜짝 놀란 천체 삼촌은 얼른 연구실로 다시 들어갔다. 몇 분 후. 삼촌은 철문을 열고 다시 별이 앞에 나타났다.

"에헴. 그래, 우리 별이는 룡이와 재미있게 놀고 있으렴. 삼촌은 좀 나갔다 올께. 그런데 미술 숙제 삼촌이 안 도와줘도 되겠니?"

바지를 빼먹고 입었던 게 민망했던 삼촌은 마치 아무 일도 없었다는 듯이 말했다.

"헤헤헤헤, 걱정 붙들어 매세요. 이 정도 숙제는 워낙 예술적 감각이 뛰어난 제게는 식은 죽 먹기라고요. 룡아, 내가 너의 전신상을 만들어 주는 거야. 길이길이 간직하렴."

기분이 좋은 건지 시큰둥한 건지 룡이는 입에서 불을 내뿜으면서 고개를 끄덕였다.

"근데, 이 흙은 어떻게 만들어졌는지 아니?"
"참내, 삼촌. 왜 제가 그걸 모르겠어요? 이건 돌이 부서져서 만들어진 거잖아요. 바윗돌 깨져서 돌덩이, 돌덩이 깨져서 돌멩이, 돌멩이 깨져서 자갈돌, 자갈돌 깨져서 모래알, 랄라랄라라~ 뭐 이런 노래도 있잖아요. 돌덩이들이 깨진 거죠."
"아하하하하, 내가 공부를 열심히 시킨 것 같구나. 네 말대로 이 속을 보면 여러 개의 결정들이 보인단다. 저마다 색깔도 다르고 모양도 각각이지. 참 신비로워."
"아휴~ 삼촌도. 돌이 그냥 돌이고, 흙이 그냥 흙이지 뭐 그리 특별할 게 있겠어요?"
"우리 별이가 돌에 대해서 관심이 없을지는 모르지만 말이다. 다이아몬드는 좋아하지?"
"당연하죠. 제가 비록 아직 어리긴 하지만 숙녀라고요! 보석을 좋아하지 않는 여자가 어디 있어요?"

"보석만 좋아하지 말고 돌도 자세히 살펴보렴."

별이는 뚫어져라 마당에 떨어져 있는 돌을 쳐다보았다.

"허허, 별아. 눈 빠지겠다."

"아유~ 삼촌, 거봐요. 이 딱딱하기만 한 돌을 어떻게 자세히 살펴 봐요? 돌 속으로 가면 모를까!"

별이가 삼촌에게 뾰로통하게 대답을 했다.

기기긱!!!

갑자기 연구실 안에서 낮잠을 자고 있던 눈깜짝씨가 마당으로 나 왔다.

"뭐라공? 지금 돌 속으로 여행을 가자고 그랬엉? 그거 재미있겠 는뎅~."

"돌 속이라……. 음 재미있을 것 같군. 두어 시간 뒤에 떠날 테니 준비들 해놓고 있어. 눈깜짝군! 그리고, 룡이와 별이도."

천체 삼촌은 넥타이를 다시 한번 매만지면서 얘기했다.

"근데 삼촌, 그렇게 차려입고 어딜 가게요?"

"음. 오늘은 병원엘 좀 가려고. 건강은 건강할 때 미리미리 챙기는 거야. 요즘 들어 자꾸 헛구역질이 나는 게 몸이 좀 이상해서 지난번에 건강 검진을 받았는데, 바로 오늘이 그 결과를 보러 가는 날이란다."

"어, 그래요? 그럼 저도 함께 가요. 제가 삼촌의 매니저잖아요."

병원으로 들어간 천체 삼촌과 별이. 삼촌은 건강 검진 받은 결과를 안내받고 위와 폐를 찍은 X선 사진도 보고 나왔다.

"삼촌, 뭐래요? 아무 이상 없대요? 건강하대죠?"

"아하하하하, 워낙 내가 건강체질이라서 말이다. 아무 이상도 없

우와~
속이 다 들여다
보이네~

정말!

다는구나."

"그럴 줄 알았다니깐요? 삼촌은 배고프면 못 참는 성격이잖아요. 책까지 씹어먹을 만한 튼튼한 위장을 가진 사람이 바로 삼촌일거라고요. 괜히 따라왔네~."

"하하. 우리 별이, 이 삼촌 걱정을 많이 했나보구나? 그렇게 안절부절못하면서 삼촌을 기다렸던 걸 보니 말이야. 고맙다. 별아. 또 눈물이 앞을 가리네. 흐흑~."

천체 삼촌은 노총각인 자신의 곁에 있는 별이가 무척 든든하다면서 눈물을 훔쳐냈다.

"또 오버하시네. 에휴~ 맘 넓은 이 조카가 삼촌의 어리광을 다 받아 줄게요."

별이는 마치 어른이 아이의 어깨를 다독이는 것처럼 천체 삼촌의 어깨를 다독였다.

"그나저나 우리 그럼 이제 돌 속으로 가봐야죠?"
"그래, 어서 집으로 돌아가 눈깜짝군을 만나자꾸나."

집으로 돌아온 별이와 삼촌은 한가롭게 낮잠을 즐기고 있는 눈깜짝씨와 룡이를 깨웠다.

"하여간, 연구실을 비울 수가 있어야지 말이야. 떠날 준비를 하고 있으라고 그렇게 일렀는데 말이지. 준비는커녕, 점심 먹은 것도 치우지 않고 이렇게 어지럽혀져 있는 곳에서 잠이 오냐, 이 녀석들아?"

천체 삼촌의 고함소리에 눈을 뜬 눈깜짝씨와 룡이.

"왜 또 화풀이를 하시고 그러셩. 뭐 기분 안 좋은 일이라도 있는 거양?"

"뭐, 화풀이? 이 녀석이 이디서 말대꾸야?"

룡이와 별이는 별것도 아닌 일을 가지고 다투는 천체 삼촌과 눈깜짝씨를 번갈아 보았다.

"아주 그냥 기운들이 넘치나봐~. 룡아, 우린 영원히 사이좋게 지내자. 알았지?"

룡이가 고개를 끄덕인다.

조금 민망해진 천체 삼촌은 눈깜짝씨에게 이번 여행에 대해서 지시했다.

"이번엔 돌 속으로 가는 거야. 실수가 없도록 해야 해. 알았지?"

"근데 말이좀. 이건 제가 소심해져서가 아니라 돌 속은 좀 힘들지 않을까용? 너무 오밀조밀해서 들어갈 틈도 없을 거라고용. 땅속으로 들어가는 거나 돌 속으로 들어가는 거낭. 뭐 별반 다르지 않잖아용? 왜 이렇게 나를 못살게 구는 거양. 낮잠도 십 분밖에 못 잤는데 말이징."

계속 투덜투덜거리면서도 눈깜짝씨는 돌 속으로 들어갈 준비를 했다.

지지지징~ 하는 소리와 함께 눈 깜짝할 사이에 또 어딘가로 이동해있는 별이 일행. 별이는 어두컴컴하지만 다양한 색을 가지고 내뿜고 있는 돌 속을 상상하면서 눈을 깜빡였는데, 어라 여긴 웬 시상식장인 것 같다. 넓은 홀에 걸려 있는 플래카드를 읽어 내려갔다.

"1914년 노벨상 시상식? 또야? 진짜 너무한다. 눈깜짝씨. 이렇게 엉뚱한 곳에 가는 것도 쉬운 일은 아닌데 말이야."

눈깜짝씨는 목적지가 아닌 다른 곳으로 잘못 가는 일이 자주 있자 이제는 자신의 오작동을 스스럼없이 받아들이기로 했는지 뭐 그리 크게 자책하지도 않고 뻔뻔스럽게 자리를 지키고 있었다. 그런 눈깜짝씨의 마음도 모른 채 천체 삼촌은 눈깜짝씨가 또 스스로를 구박할까봐, 실망이 너무 커서 좌절할까봐 위로의 말을 건넸다.

"눈깜짝군! 너무 자책하지 말게. 결국 자넬 이렇게 만든 내가 문제인 거지. 하지만 말이야, 사람은 모든 일을 긍정적으로 사고할 줄 알아야 하네. 눈깜짝군이 데려온 이곳이 180도 생판 다른, 전~혀 관계가 없는 곳은 아니거든. 여긴 아까 별이가 말했다시피 1914년 노벨상 시상식장이야. 저기 서 있는 분이 라우에(Max Theodor Felix von Laue) 박사고 1914년 노벨 물리학상 수상을 하시는 분이란다."

"노벨 물리학상이라구요? 근데 라우에 박사는 어떤 공로로 노벨상을 받는 건데요?"

평소 노벨상에 깊은 관심을 보였던 별이가 물었다.

"라우에 박사는 1912년 취리히대학교의 물리학교수가 되었는데 같은 해 처음으로 X선으로 광물 결정의 내부를 알아낸 분이란다. 그 공로로 노벨상을 받게 된 거지."

"광물도 사람처럼 X선 사진을 찍는다고요? 광물이 어디 아프다고 의사를 전달한 것도 아닐 텐데 거참 신기하네요?"

"광물에 X선을 쐬어 그 광물 내부의 원자배열 상태를 조사하는 거야. 원자의 배열이 규칙적인 것도 있고 불규칙적인 것도 있거든. 직접 광물 속으로 들어가지 않아도 되는 거지. 결정 내부의 규칙성을 알기 위하여, 광물 내에 파장이 짧은 X선을 투과시키면, X선이 회절하여 점들이 나타난단다. 이 점들을 라우에 반점이라고 하지. 1912년 라우에 박사의 예상과 지시 아래 그의 제자 프리드리히와 크니핑이 처음으로 이러한 종류의 사진을 찍는 데 성공하게 됐단다."

천체 삼촌은 설명을 하면서 눈깜짝씨에게 관련이 아주 없는 곳으로 온 것이 아니라며 괜찮으니 이제 기분을 좀 풀라는 다독임을 게

속 했다.

　라우에 박사의 노벨상 시상식장에서 돌아온 별이 일행은 그동안 여행했던 내용을 정리할 겸 집에서 며칠 조용히 쉬기로 했다. 다음 여행을 기대하면서…….

광물은 무엇인가요?

우리가 발을 디디고 있는 이 땅, 즉 지각은 암석으로 이루어져 있지요. 뭐, 흔히 돌이라고 하지만 과학에서는 암석이라고 부른답니다. 그렇다면 암석은 무엇으로 이루어져 있을까요? 암석을 이루고 있는 것은 광물이랍니다. 조암 광물이라는 것은 암석을 이루는 광물이라는 뜻이지요. 예를 들면 화강암이라는 암석은 석영, 장석, 운모 같은 광물로 이루어져 있는 것이지요. 예를 들어 백설기라는 떡을 한번 생각해보세요. 그 떡은 쌀에 콩, 건포도 등을 넣어 만들기도 합니다. 이때 백설기가 암석이라면 쌀, 콩 등은 광물입니다.

이런 광물은 매우 종류가 많은데 이런 광물마다 여러 가지 물리적인 성질, 즉 굳기, 깨짐, 색 등이 달라서 구별할 수가 있는 것이지요.

광물을 이루는 원자들이 어떻게 배열하느냐에 따라 달라집니다. 규칙적으로 배열되는 경우는 결정질 광물이라 하며 반대로 규칙적인 내부 구조를 갖지 못하는 광물은 비결정질이라고 하지요.

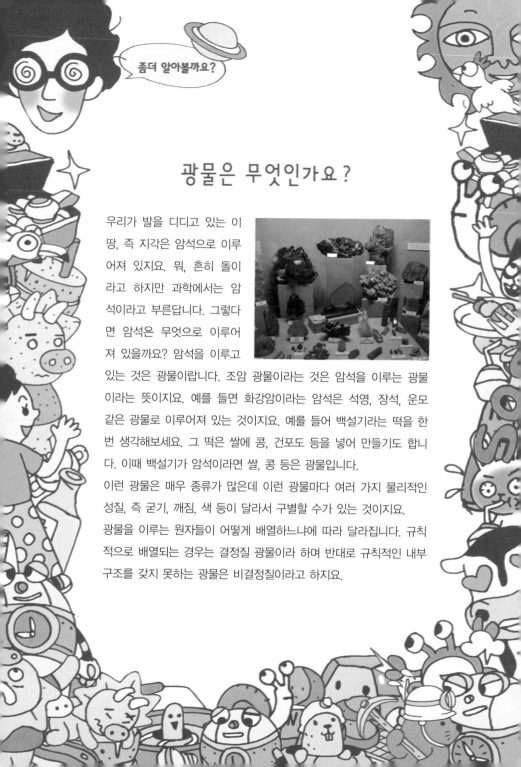

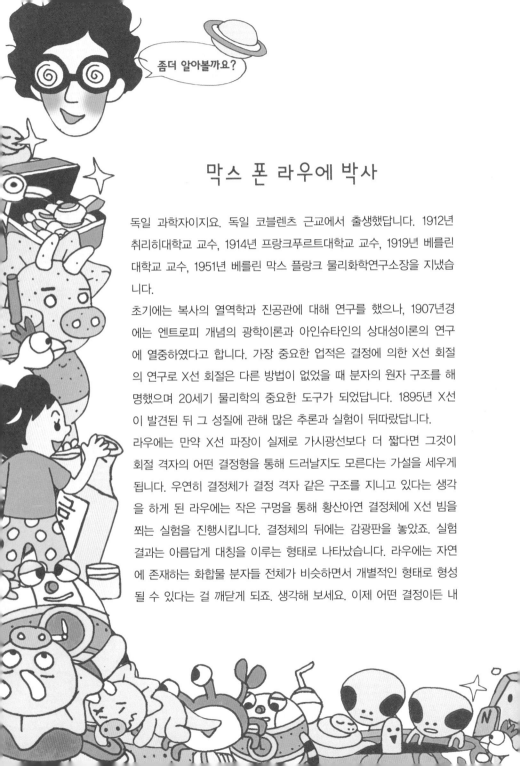

좀더 알아볼까요?

막스 폰 라우에 박사

독일 과학자이지요. 독일 코블렌츠 근교에서 출생했답니다. 1912년
취리히대학교 교수, 1914년 프랑크푸르트대학교 교수, 1919년 베를린
대학교 교수, 1951년 베를린 막스 플랑크 물리화학연구소장을 지냈습
니다.

초기에는 복사의 열역학과 진공관에 대해 연구를 했으나, 1907년경
에는 엔트로피 개념의 광학이론과 아인슈타인의 상대성이론의 연구
에 열중하였다고 합니다. 가장 중요한 업적은 결정에 의한 X선 회절
의 연구로 X선 회절은 다른 방법이 없었을 때 분자의 원자 구조를 해
명했으며 20세기 물리학의 중요한 도구가 되었답니다. 1895년 X선
이 발견된 뒤 그 성질에 관해 많은 추론과 실험이 뒤따랐답니다.

라우에는 만약 X선 파장이 실제로 가시광선보다 더 짧다면 그것이
회절 격자의 어떤 결정형을 통해 드러날지도 모른다는 가설을 세우게
됩니다. 우연히 결정체가 결정 격자 같은 구조를 지니고 있다는 생각
을 하게 된 라우에는 작은 구멍을 통해 황산아연 결정체에 X선 빔을
쬐는 실험을 진행시킵니다. 결정체의 뒤에는 감광판을 놓았죠. 실험
결과는 아름답게 대칭을 이루는 형태로 나타났습니다. 라우에는 자연
에 존재하는 화합물 분자들 전체가 비슷하면서 개별적인 형태로 형성
될 수 있다는 걸 깨닫게 되죠. 생각해 보세요. 이제 어떤 결정이든 내

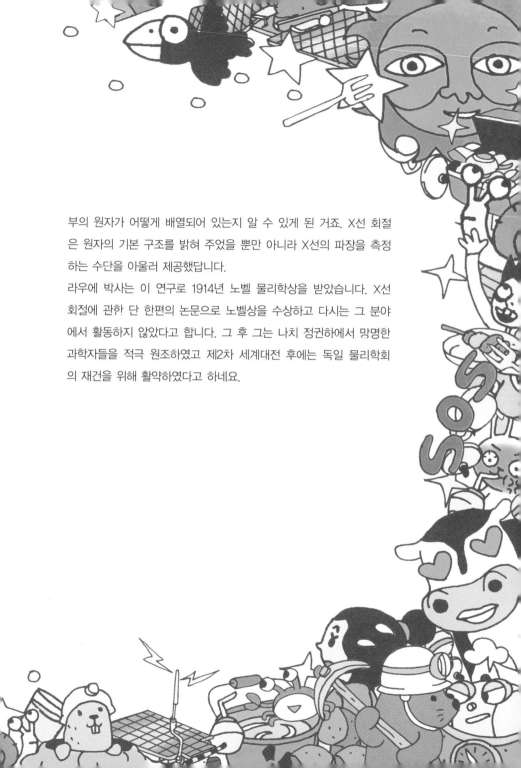

부의 원자가 어떻게 배열되어 있는지 알 수 있게 된 거죠. X선 회절
은 원자의 기본 구조를 밝혀 주었을 뿐만 아니라 X선의 파장을 측정
하는 수단을 아울러 제공했답니다.

라우에 박사는 이 연구로 1914년 노벨 물리학상을 받았습니다. X선
회절에 관한 단 한편의 논문으로 노벨상을 수상하고 다시는 그 분야
에서 활동하지 않았다고 합니다. 그 후 그는 나치 정권하에서 망명한
과학자들을 적극 원조하였고 제2차 세계대전 후에는 독일 물리학회
의 재건을 위해 활약하였다고 하네요.

모래 속에서 반짝이는 보석 찾기
- 반짝이는 광물, 보석의 세계

"삼촌!"

밖에서 무엇을 하다 온 건지 별이는 삼촌을 애타게 부르면서 연구실로 들어왔다. 그리고 삼촌에게 내민 별이의 손에는 무언가가 반짝이고 있었다.

"삼촌, 제가 보석을 발견했어요."

"그래? 어디 좀 보자꾸나."

"여기 있어요."

삼촌은 심각한 얼굴로 별이의 손에 쥐어있는 반짝이는 무언가를 받아들었다. 그리곤 이마에 헤어밴드처럼 쓰고 있는 커다란 돋보기를 눈앞으로 가져가더니 별이가 발견한 것을 잠시 훑어보았다.

이내 삼촌은 웃으면서 말했다.

"아하하하하, 별이야 이건 보석이 아니란다."

"네? 이렇게 반짝거리는데요?"

"혹시 모래 속에서 발견하지 않았니? 이건 모래 속에 많은 운모라는 광물이야."

"아, 정말요? 아쉽다. 다이아몬드처럼 반짝거려서 보석 가루인 줄 알았는데."

"그래 너처럼 다이아몬드, 에메랄드, 사파이어, 루비 등의 보석 이름만 들어도 탐을 내고 귀가 솔깃해지는 사람들이 많지. 그러나 보석도 광물이라는 것을 안다면 그 빛나는 보석에 대한 욕심이 줄 어들 거다."

천체 삼촌은 별이를 데리고 이번에는 에메랄드의 최대 산지인 콜롬비아 꼬스꾸에스 광산으로 갔다. 이번에도 눈깜짝씨는 별이 일행을 두 번이나 이상한 곳에 데리고 간 후에야 콜롬비아 꼬스꾸에스 광산에 제대로 도착할 수 있었다. 이젠 더 이상 어떻게 다른 곳에 도착했는지를 일일이 얘기하는 것도 좀 귀찮게 느껴진다. 휴~.

꼬스꾸에스 광산은 에메랄드 광산으로 유명한데 터널처럼 깊게 땅굴을 파거나 광맥을 찾아서 불도저로 땅을 깎아서 에메랄드를 찾는다고 했다.

"땅속에서 보석을 캐내는 거군요."

"그렇지, 그렇게 처음 꺼낸 것을 원석이라고 한단다. 같은 돌이어도 누구는 값비싼 대접을 받는 거지. 그럼 별이야. 어떤 광물이 보석으로 값어치가 매겨지는 걸까?"

"그거야 뭐. 딱 보기에 비싸 보이고 예뻐 보이고, 그리고, 음…… 많이 없는 거요. 원래 개수가 적을수록 가치가 더 있는 거잖아요?"

"그렇지. 잘 알고 있구나. 일단 보석은 장신구로 쓰인다는 사실을 생각하면 된단다. 이런 장신구로 쓰이기 위해서는 몇 가지 성질을 만족시켜야 하겠지? 첫째가 얼마나 아름다운가 하는 미관이고, 두 번째는 순수성, 세 번째는 굳기, 그리고 마지막으로 희소성이 있

어야 보석으로 값이 나가는 것이지."

"그럼, 다이아몬드가 제일로 아름다운 건가요?"

"미관은 광물의 색채, 광채 또는 불빛을 보는데 광채는 투명한 광물을 통한 빛의 굴절에 의하여 불빛은 빛의 높은 분산력에 의하여 일어난단다. 다이아몬드는 이 양자를 다 갖추고 있지."

"와~ 오늘은 좀 어려운 단어들이 많이 나오는데요?"

"그러니? 그렇담 우리 별이가 항상 가지고 다니는 사전을 펼쳐가면서 모르는 단어들은 그 뜻을 살펴보렴."

별이는 정말이지 모르는 단어가 나올 때마다 삼촌의 설명을 잠시 멈추고 사전을 찾아보았다.

"그런데 삼촌, 순수성은 무슨 의미예요. 돌이 순수하다고 하니까

재미있는데요. 보통 사람을 순수하다고 하잖아요."

"보석의 순수성은 광물이 투명하고 다른 이물질이 들어 있거나 흠이 없고 쪼개짐 등이 없음을 의미하는 것이야. 굳기는 화학적으로 침식되지 않는 동시에 마모에 대한 저항이 세다는 것을 말한단다. 다이아몬드는 굳기가 광물 중에서 가장 단단하여 연마제로 사용되며 루비와 사파이어도 강옥이라 하여 굳기가 매우 크지. 그러나 아무리 위의 세 가지 조건을 다 갖추었다 해도 대량으로 나오고 흔하다면 사람들이 진귀하게 여기지 않을 것이므로 보석은 희소성이 있어야 한단다."

"그렇군요. 그럼 제 탄생석인 자수정도 무척 비싼 보석이겠어요. 전 늘 제 행운의 부적처럼 작은 자수정 열쇠고리를 주머니 속에 넣고 다니거든요."

"그렇지만 자수정은 준보석으로 분류한단다. 광채, 순수성, 굳기, 희소성, 이렇게 네 가지 조건에 의해서 광물은 보석으로 가치를 인정받을 수 있으며 장기간에 걸쳐 일정한 수요와 안정된 가격으로 매매되지. 그러나 이러한 조건에 조금은 부족하며 시기에 따라서 인기가 변해 가격이 일정하지 않은 광물들을 준보석이라고 한단다. 터키석, 페리도트, 캣츠아이, 자수정, 오팔, 석류석, 아쿠아머린 등이 있단다."

"와~ 삼촌, 다 가지고 싶은 보석들만 있는데요. 이걸 가지고 가서 팔면, 부자가 되겠어요."

"아하하하하, 아직도 보석에 대한 미련을 버리지 못했구나. 보석은 광물에 지나지 않아. 너의 탄생석인 자수정만 해도 결국 성분은 규소와 산소의 결합체인 석영과 같은 것이란다. 또 다이아몬드는 숯과 같은 탄소덩어리에 지나지 않아."

"아무리 그러셔도 보석은 보석인 거예요. 헤~ 정말 예쁘다."

별이는 너무 예쁜 보석에 마음이 끌려 입이 헤~ 벌어진 상태에서 말을 이었다. 순간 번쩍이는 아이디어!

'왜 이 생각을 진작 못했지? 만약 가능하다면, 삼촌에게서 원하는 것들을 받을 수 있을 거고, 만약 가능하지 않다고 해도 삼촌을 놀릴 수 있는 절호의 기회잖아?!'

별이는 무슨 아이디어가 떠오른 건지 마냥 입가에 장난꾸러기 같은 미소를 지으면서 삼촌에게 말했다.

"아, 그래요. 다이아몬드가 숯과 같은 탄소덩어리라면 삼촌이 만들 수 있겠네요? 삼촌은 뭐든 다 척척 발명하고 연구하는 세계 최고의 박사잖아요."

별이는 다이아몬드를 하나 얻을 수 있었으면 하는 바람을 속으로 끊임없이 기도하면서 얘기했다.

"하하, 녀석. 물론 삼촌은 원소성분들을 이용해서 보석을 만들 수 있지. 하지만 말이다. 생각해보렴. 만일 우리가 보석을 만들어낸다면 말이야, 금방 보석이 너무 많아져서 싫증을 낼지도 모르잖니? 게다가 희소성이 낮아지기 때문에 보석의 가치가 땅에 떨어지고 마는 현상이 벌어질 게다. 어쩜 삼촌이 그런 희한한 재주를 가졌다는 소문이 쫘~악 퍼져서 무지막지한 놈들이 우리집을 강제로 들이닥쳐서 물건들을 훔쳐갈지도 모르고, 거기에다가……."

"피~ 못 만드니깐 괜히 그럴듯한 말들을 지어내는 거죠?"

"어허 녀석, 삼촌 말을 못 믿겠다는 거냐? 좋다 그럼 이 삼촌이 보석 대신 광석으로 화장품을 만드는 것을 보여주마."

광물의 굳기

광물의 굳기는 상대적인 세기를 말한답니다. 예를 들어 석영이라는 광
물과 활석이라는 광물을 서로 긁어 봅니다. 석영은 아무런 흠집이 없
는데 활석만 긁힌 자국이 납니다. 따라서 석영은 활석보다 굳기가 크
다고 할 수 있는 것입니다. 이렇게 광물의 굳기는 상대적으로 그 순서
를 매깁니다. 모스는 우리 주변에서 흔한 여러 가지 광물 중에서 열
가지 광물의 상대적세기의 순서를 매겼지요. 가장 단단한 광물인 다이
아몬드, 금강석이 10번이며 가장 약한 광물인 활석이 1번이랍니다. 모
스 굳기계라고 하는데요. 광물의 굳기를 측정하는 열 종류의 표준 광
물이지요. 이것을 가지고 다른 광물들을 비교해 굳기를 안답니다.

굳기	1	2	3	4	5	6	7	8	9	10
광물	활석	석고	방해석	형석	인회석	정장석	석영	황옥	강옥	금강석

나의 탄생석은 무엇일까요?

탄생석은 12가지 보석을 1년의 열두 달에 맞추어 자기가 탄생한 달에
해당하는 보석으로 삼았는데요. 이 풍습은 폴란드와 중부 유럽에 이

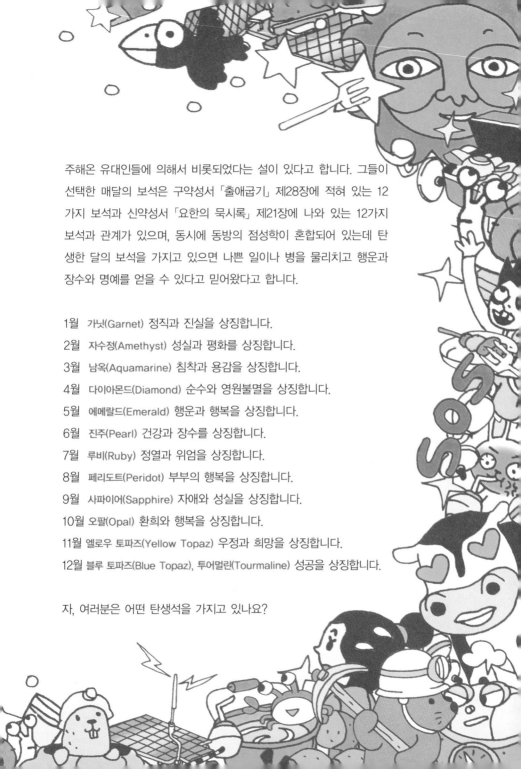

주해온 유대인들에 의해서 비롯되었다는 설이 있다고 합니다. 그들이 선택한 매달의 보석은 구약성서 「출애굽기」 제28장에 적혀 있는 12가지 보석과 신약성서 「요한의 묵시록」 제21장에 나와 있는 12가지 보석과 관계가 있으며, 동시에 동방의 점성학이 혼합되어 있는데 탄생한 달의 보석을 가지고 있으면 나쁜 일이나 병을 물리치고 행운과 장수와 명예를 얻을 수 있다고 믿어왔다고 합니다.

1월 가닛(Garnet) 정직과 진실을 상징합니다.
2월 자수정(Amethyst) 성실과 평화를 상징합니다.
3월 남옥(Aquamarine) 침착과 용감을 상징합니다.
4월 다이아몬드(Diamond) 순수와 영원불멸을 상징합니다.
5월 에메랄드(Emerald) 행운과 행복을 상징합니다.
6월 진주(Pearl) 건강과 장수를 상징합니다.
7월 루비(Ruby) 정열과 위엄을 상징합니다.
8월 페리도트(Peridot) 부부의 행복을 상징합니다.
9월 사파이어(Sapphire) 자애와 성실을 상징합니다.
10월 오팔(Opal) 환희와 행복을 상징합니다.
11월 옐로우 토파즈(Yellow Topaz) 우정과 희망을 상징합니다.
12월 블루 토파즈(Blue Topaz), 투어멀린(Tourmaline) 성공을 상징합니다.

자, 여러분은 어떤 탄생석을 가지고 있나요?

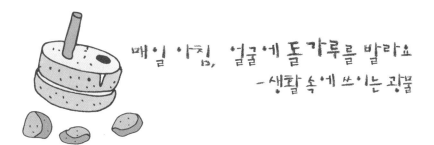

매일 아침, 얼굴에 돌가루를 발라요
- 생활 속에 쓰이는 광물

"화장품이요? 화장품도 광석으로 만들어요? 만약 삼촌 말이 진짜
라면 엄마는 얼굴에 돌가루를 바르는 거잖아요! 으악~ 너무 싫다!!"

별이는 광석으로 화장품을 만든다는 것이 놀랍고도 신기했다.

"하하 못 믿겠다는 표정이구나. 원한다면 데려갈 곳이 있지. 눈
깜짝군? 자 화장품 회사로 가보자고!!!"

"넹~ 출발합니다용."

별이는 삼촌과 함께 눈깜짝씨를 타고 화장품 제조 회사에 도착
했다.

"오~ 이게 웬일이야! 제대로 왔잖아!!"

"이거 왜 이러셩~. 내가 괜히 눈깜짝씨인줄 알앙? 눈깜짝할 사이에 원하는 시간과 장소에 갈 수 있어서 눈깜짝씨라궁~."

별이는 한번에 제대로 찾아왔다는 것에 놀라워하며 말했다. 심지어는 눈깜짝씨조차 자신이 제대로 순간이동을 했다는 것에 커다란 자부심을 느끼는 것 같았다. 사실은 정말 당연한 일인데 말이다.

삼촌도 의아하다는 듯 어깨를 한번 으쓱~ 올리면서 설명을 이어갔다.

"여기는 파우더, 즉 분가투를 민드는 공장이란다. 현재 사용되는 파우더는 활석이라는 광물을 주성분으로 하고 탄산 마그네슘, 규산 칼슘, 향료 등을 첨가해 만들어진단다."

"활석이라는 돌이 결국 이 부드러운 파우더를 만든다? 정말 아이러니해요."

"그래, 물론 화장품에 쓰이는 활석은 불순물이 없는 고순도의 것을 사용한단다."

"아기들이 쓰

는 베이비 파우더는 어때요?"

"그렇단다. 우리가 흔히 얘기하는 베이비 파우더는 'talcum powder'라는 것을 써서 만드는데 이는 활석가루로 만든 것이란다. 활석의 영어명이 talc거든."

"우리는 어릴 때부터 활석으로 만든 제품을 사용한 셈이네요."

"그렇지. 이런 파우더뿐만 아니라 활석은 쓰임새가 많아. 활석은 겉이 반질반질하고 바탕이 무른 광물이란다. 게다가 진주와 같은 광택을 내지. 그래서 가루를 내서 이런 고운 파우더의 원료나 약품, 페인트, 종이에 첨가해 부드럽고 진주 같은 광택의 효과를 낸단다."

"정말 신기해요. 주변에 있는 돌이라고만 여겼던 광물에 이런 특징들이 있을 줄은 생각도 못했어요."

"그렇지? 우리 인간들이 모두 고유한 인성을 가지고 있는 것처럼 광물도 역시 각각 고유한 성질을 가지고 있단다. 이러한 성질을 이용하여 우리 생활에서 유용하게 쓰고 있는 거지. 우리가 쓰는 것들

중에 어떤 광물이 있는지 생각해볼래?"

"음, 글쎄요. 꽤 어려운 질문이네……."

별이는 이렇게 말하며 무심코 옆에 있던 캔 음료를 한 모금 마셨다.

"등잔 밑이 어둡다고, 별이 네 손에 들고도 생각을 못하는구나. 지금 광물을 들고 있잖아."

"네? 제 손에요?"

별이는 자신의 손을 물끄러미 쳐다보았다.

"이 캔이요?"

별이는 자신의 손에 들려 있는 캔을 들어올리면서 의아한 듯 삼촌에게 물었다.

"그래~ 바로 그 캔. 그 캔은 알루미늄이라는 금속 광물로 만들어졌지."

"어, 삼촌. 저기 있는 창문틀은 어때요? 저 창문틀도 알루미늄을 쓰지 않나요?"

"그래 창틀도 가벼운 금속 광물인 알루미늄을 사용하지. 알루미늄은 가볍고 무게에 비해서 튼튼하며 공기 중에서 잘 녹지 않아 항공기의 재료로도 쓰인단다."

쿡~

날아다니는 돌덩이를 상상하면서 별이는 웃음을 터뜨렸다.

"그뿐만 아니라 먹는 광물도 있단다."

"광물을 먹을 수도 있나요?"

"그럼, 우리가 많이 쓰는 소금도 암염이라는 광물이지. 게다가 요즘은 금을 음식에 넣어서 먹기도 한단다."

"금을 먹는 것은 저도 잘 알죠. 삼촌 연구실 냉장고를 열어보면, 금가루를 넣은 소주들이 차곡차곡 쌓여 있잖아요. 너~무 술을 많이 드시니깐!!!"

삼촌은 순간 얼굴이 벌게졌다. 그러나 냉장고 속 소주 한잔이 생각나는지, 눈깜짝씨에게 어서 돌아가자고 재촉을 하셨다.

"눈깜짝군! 어서 연구실로 돌아가세."

"알겠습니당."

현실로 돌아온 따뜻한 오후, 삼촌의 연구실은 조용했다.

눈깜짝씨는 여행이 피곤했는지 그 큰 눈을 스르륵 감고는 잠에 빠져들었고, 삼촌은 기분 좋게 샤워를 하고 냉장고 속에서 금가루를 넣은 소주를 한 병 꺼내어 홀로 캬~ 하는 소리를 내면서 홀짝홀짝 마시고 있다. 별이는 연구실 한쪽에 있는 책상에 자리를 잡고 오늘의 여행 일지를 정리하고 있었다.

반면, 꼬마 공룡 룡이.

도도한 표정을 지으면서 거울 앞에 서 있다.

언제 가지고 왔는지, 파우더를 얼굴이 하얗게 되도록 두드리면서 말이다.

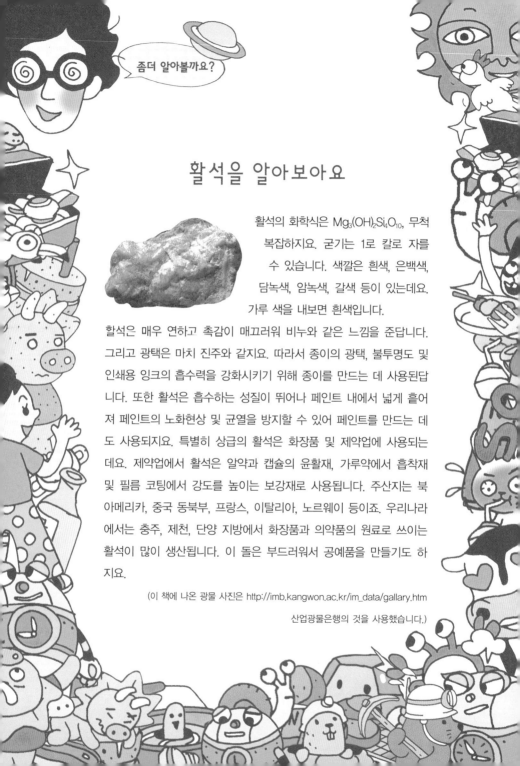

활석을 알아보아요

활석의 화학식은 $Mg_3(OH)_2Si_4O_{10}$, 무척 복잡하지요. 굳기는 1로 칼로 자를 수 있습니다. 색깔은 흰색, 은백색, 담녹색, 암녹색, 갈색 등이 있는데요. 가루 색을 내보면 흰색입니다.

활석은 매우 연하고 촉감이 매끄러워 비누와 같은 느낌을 준답니다. 그리고 광택은 마치 진주와 같지요. 따라서 종이의 광택, 불투명도 및 인쇄용 잉크의 흡수력을 강화시키기 위해 종이를 만드는 데 사용된답니다. 또한 활석은 흡수하는 성질이 뛰어나 페인트 내에서 넓게 흩어져 페인트의 노화현상 및 균열을 방지할 수 있어 페인트를 만드는 데도 사용되지요. 특별히 상급의 활석은 화장품 및 제약업에 사용되는데요. 제약업에서 활석은 알약과 캡슐의 윤활재, 가루약에서 흡착재 및 필름 코팅에서 강도를 높이는 보강재로 사용됩니다. 주산지는 북아메리카, 중국 동북부, 프랑스, 이탈리아, 노르웨이 등이죠. 우리나라에서는 충주, 제천, 단양 지방에서 화장품과 의약품의 원료로 쓰이는 활석이 많이 생산됩니다. 이 돌은 부드러워서 공예품을 만들기도 하지요.

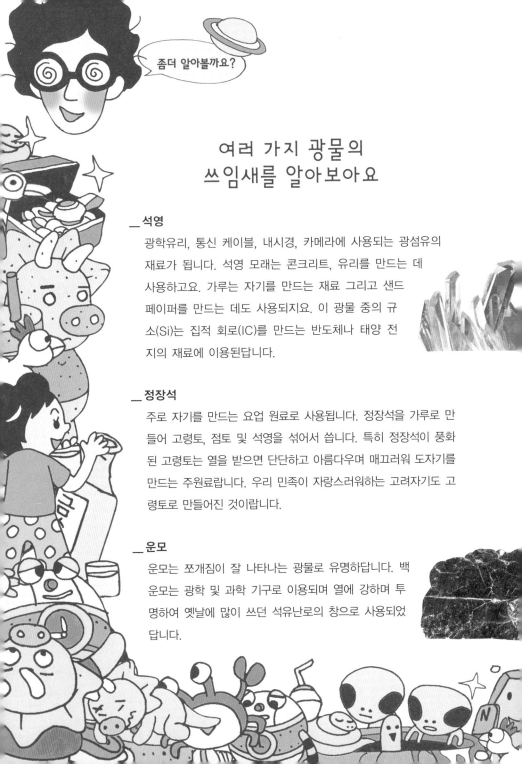

좀더 알아볼까요?

여러 가지 광물의
쓰임새를 알아보아요

_석영

광학유리, 통신 케이블, 내시경, 카메라에 사용되는 광섬유의
재료가 됩니다. 석영 모래는 콘크리트, 유리를 만드는 데
사용하고요. 가루는 자기를 만드는 재료 그리고 샌드
페이퍼를 만드는 데도 사용되지요. 이 광물 중의 규
소(Si)는 집적 회로(IC)를 만드는 반도체나 태양 전
지의 재료에 이용된답니다.

_정장석

주로 자기를 만드는 요업 원료로 사용됩니다. 정장석을 가루로 만
들어 고령토, 점토 및 석영을 섞어서 씁니다. 특히 정장석이 풍화
된 고령토는 열을 받으면 단단하고 아름다우며 매끄러워 도자기를
만드는 주원료랍니다. 우리 민족이 자랑스러워하는 고려자기도 고
령토로 만들어진 것이랍니다.

_운모

운모는 쪼개짐이 잘 나타나는 광물로 유명하답니다. 백
운모는 광학 및 과학 기구로 이용되며 열에 강하며 투
명하여 옛날에 많이 쓰던 석유난로의 창으로 사용되었
답니다.

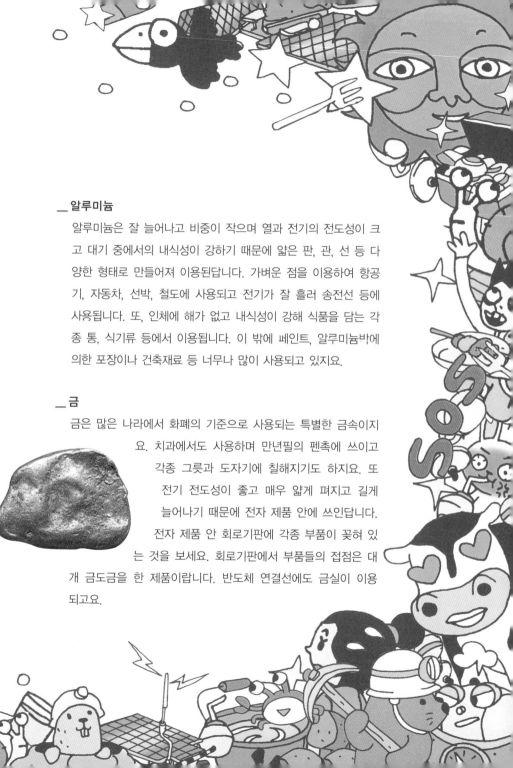

알루미늄

알루미늄은 잘 늘어나고 비중이 작으며 열과 전기의 전도성이 크고 대기 중에서의 내식성이 강하기 때문에 얇은 판, 관, 선 등 다양한 형태로 만들어져 이용된답니다. 가벼운 점을 이용하여 항공기, 자동차, 선박, 철도에 사용되고 전기가 잘 흘러 송전선 등에 사용됩니다. 또, 인체에 해가 없고 내식성이 강해 식품을 담는 각종 통, 식기류 등에서 이용됩니다. 이 밖에 페인트, 알루미늄박에 의한 포장이나 건축재료 등 너무나 많이 사용되고 있지요.

금

금은 많은 나라에서 화폐의 기준으로 사용되는 특별한 금속이지요. 치과에서도 사용하며 만년필의 펜촉에 쓰이고 각종 그릇과 도자기에 칠해지기도 하지요. 또 전기 전도성이 좋고 매우 얇게 펴지고 길게 늘어나기 때문에 전자 제품 안에 쓰인답니다. 전자 제품 안 회로기판에 각종 부품이 꽂혀 있는 것을 보세요. 회로기판에서 부품들의 접점은 대개 금도금을 한 제품이랍니다. 반도체 연결선에도 금실이 이용되고요.

4

룡이,
지구의 역사를 배우다

돌국물에서 돌이 만들어졌어요
─화성암과 수성암

별이와 룡이는 텔레비전에서 화산이 폭발하는 장면을 보고 있었다. 화산재와 화산탄이 날아 다니고 시뻘건 용암이 마구 흘러내렸다.

"와~ 룡아. 저거 되게 무섭겠다. 옆에 서 있기만 해도 아주 뜨끈뜨끈하겠지?"

룡이는 연신 고개를 끄덕이며, 뜨끈뜨끈함을 한번 느껴보라는 듯이 불을 내뿜었다.

크아~

"앗, 뜨거! 룡아, 하지 마!!"

룡이의 입에서 뿜어져 나오는 불을 요리조리 피하다가 문득 생각이 난 듯 별이가 삼촌에게 물었다.

"삼촌!! 저 텔레비전 속 용암 말이에요. 용암이 식으면 무엇이 되나요?"

"용암이 돌국물이니 식으면 다시 돌이 되겠지."

"돌국물이라고요? 제가 별 희한한 국물들은 다 들어봤어도 돌국물은 또 처음인데요? 용암이 돌국물이라면, 그럼 저 용암은 돌이 녹은 거예요?"

"그렇지. 돌이 녹으면 저렇게 흐를 수 있고 식으면 다시 돌이 된단다."

"그렇다면 지구상에 있는 돌은 다 용암이 식어서 만들어진 건가요?"

"그렇지는 않아. 돌은 암석이라고 하는데 어떻게 만들어지느냐에 따라서 이름이 다르단다. 별이 네가 아는 돌 이름을 대보렴."

"음, 화강암, 현무암…… 그리고 사암이요."

"그래 화강암, 현무암은 저런 마그마가 식어서 된 것이지. 그리고 사암은 모래가 쌓여서 굳어진 암석이란다."

"네, 그렇군요."

별이는 고개를 끄덕였다.

"그러나 이런 사실이 처음부터 알려진 것은 아니란다. 모든 암석

이 물속에서 만들어졌다고 생각한 적도 있었지."

"깔깔깔깔, 물속이요? 그럼 물만 떠놓고 기다리면 암석이 만들어진다는 건가요? 정말 재미있는 상상력이네~."

"하하, 녀석도. 또 이 삼촌의 말을 못 믿겠다는 거구나! 그럼 잠시만 기다려라."

웃으시던 천체 삼촌은 자신만만해하면서 별이를 데리고 눈깜짝씨에 올라탔다.

별이 일행이 도착한 곳은 어느 바닷가였다. 바닷가에서 조금 떨어진 바닷가 절벽에 한 무리의 사람들이 보트를 타고 가까이 가있다.

"삼촌~ 저…… 절벽이 너무 높아요. 너무 무서워요!!"

별이는 바닷가 절벽을 통해 깊고 깊은 바다 속을 보았다. 마치 바다가 자신을 부르는 것만 같았다. 정신을 차린 별이. 그 새 또 호기심이 작동했나보다.

"저 사람들은 누구예요?"

"응, 허턴(James Hutton)과 그의 친구들이란다. 야외관찰 중이지. 허턴은 1726년에 스코틀랜드 에든버러의 부유한 상인의 아들로 태어나 에든버러 대학에서 법률을 공부하였지만 대학을 바꿔서

의학을 공부하고, 1749년에는 네덜란드의 레이덴 대학에서 의학 박사 학위를 땄지. 그러나 에든버러에 돌아와서도 병원을 개업하지 않고 친구들과 함께 염화암모늄 제조 공장을 차려 많은 돈을 벌었다고 해."

"와~ 복잡한 경력을 가진 사람이네요. 삼촌만큼이나요!!"

집안 어른들의 말씀에 의하면 별이의 삼촌도 원래는 지구과학을 연구하는 사람이 될 줄은 몰랐다고 한다. 학교를 다닐 때부터 워낙 독특해서 연휴나 방학 때만 되면 혼자 배낭을 둘러메고 전국 곳곳을 누볐다고 한다. 그래서 어른들은, 그러니깐 별이에겐 할아버지 할머니이신 어른들은 천체 삼촌이 무슨 여행가가 될 줄 알았다고 한다. 헌데, 어느 날 갑자기 자신은 지구를 연구하는 학자가 되어야겠다고 결심을 했고, 믿을 수 없지만 대학을 수석으로 입학해서 수석으로 졸업했다고 한다. 그리고 잘나가는 대학교수가 될 줄 알았던 천체 삼촌은 졸업 후 보통 사람은 찾아가기도 힘들 정도로 외진 곳에 있는 창고를 개조해 연구실을 만들었다. 물론, 별이는 그런 괴짜 삼촌의 초대 덕분에 너무너무 즐겁고 재미있는 눈 깜짝 여행을 할 수 있는 거지만 말이다.

다시 원래의 이야기로 돌아와서……

"그럼 야외 관찰은 왜 나온 거예요?"

별이는 허턴과 친구들의 야외 관찰이 궁금했다.

"허턴은 조상으로부터 물려받은 베리크셔의 농장을 만드는 일에 14년 동안 몰두하면서 지질학에 대해 흥미를 가지기 시작했단다. 1768년에는 아예 농장 생활을 정리하고, 과학 연구에 전념하기 위해 에든버러로 돌아갔지. 에든버러에서 화학자 홀경, 이산화탄소 (탄산가스)의 발견자로 잘 알려진 블랙, 에든버러 대학의 수학 교수 플레이페어 등과 과학 애호 그룹을 만들었는데 그것은 후에 에든버러 왕립 협회로 발전하게 된단다. 허턴은 야외 관찰을 무척 즐겼다고 해."

"무엇을 관찰하는 걸까요?"

"글쎄, 좀더 가까이 가서 살펴보고 오지 않겠니?"

삼촌의 말에 별이는 허턴의 곁으로 다가가 그가 무엇을 관찰하고 있는지 살펴보았다.

허턴은 덩글래스의 바위 투성이 해안 가까이에서 친구들과 바위 절벽에 대한 의견을 나누고 있었다. 해안 바위 절벽은 수평을 이룬 적색 사암으로 덮여 있었으며, 단단한 유리질의 편암이 그것을 위아래로 관통하고 있었다. 사암층 바닥에는 편암이 부서진 것으로 생각되는 둥글거나 각진 파편이 흩어져 있었다.

편암을 만든 원래의 암석은 오랜 옛날 해저에 수평으로 퇴적되어 있었다가 땅속의 어떤 굉장한 힘에 의해 위로 올라오고 비, 바람이 그 표면을 깎아서 생긴 파편이 주변에 흩어져 있게 된 것이다. 그 후 붉은 모래가 그 위에 퇴적되고 마침내 적색 사암이 되었다. 현재도 그 적색 사암의 표면을 비나 바람이 침식하고 있다.

허턴과 그의 일행이 관찰하고 있는 것을 함께 관찰하면서 대화를 주의 깊게 들은 별이는 다시 삼촌 곁으로 돌아왔다.

"어, 우리 별이 벌써 돌아왔구나! 그래, 허턴이 무엇을 관찰하고 있었니? 친구들과는 무슨 대화를 나누고?"

"저 덩글래스의 급격한 절벽은 하루아침에 만들어진 것이 아니라고 하는데요? 저렇게 바위가 깎여서 파편이 되고, 모래가 퇴적하여 사암이 되는 것은 웬만한 시간으로는 도저히 이룰 수 없다고 했어요."

"그래. 허턴이 살던 시기에는 암석이 만들어진 시기나 지구가 만들어진 시기를 무척 짧게 생각했단다. 허턴보다 약 1세기 앞선 17세기에 아일랜드의 대주교 애서는 『구약 성서』에 나오는 여러 가지 사건의 경과 시간을 어림잡아 보았지. 그리고 지구가 만들어진 것은 기원전 4004년 10월 26일 아침 9시였다는 설을 내세웠단다. 지구의 나이가 약 6,000년이라고 하는 이 생각은 허턴 당시에도 상당한 권위를 가지고 있었단다. 그러나 허턴은 아무래도 이 생각이 옳다고 생각되지 않아 여러 곳을 답사하면서 지질학적 과정을 찾아내게 된 것이지."

"이제까지 제가 경험했던 훌륭한 사람들의 이야기를 들어보면, 아무리 다른 사람들이 옳다고 해도 뭔가 미심쩍은 것이 있을 때는 끊임없이 연구를 했던 것 같아요. 그래서 지금의 새로운 학설들이 발견된 거고요."

별이의 어른스러운 말에 천체 삼촌은 너무 기특하고 감동을 받아 눈물까지 글썽였다.

"또또또! 오버하신다!! 오버는 그만하시고요. 삼촌! 아까 삼촌이

모든 암석이 물에서 만들어졌다고 생각했다고 한 것은 뭐예요?"

"응. 그걸 기억하고 있었구나. 그런 이론을 바로 암석 수성론이라고 한단다. 이렇게 현재는 암석을 퇴적암, 화성암 및 변성암의 셋으로 나누고 있지만 독일의 광물학자 베르너(A. G. Werner)가 주장했듯이 일찍이 화강암이나 현무암을 포함하는 모든 암석은 수성암이라고 생각했던 적이 있었단다."

"수성암이라고요?"

"그래, 모든 암석은 원시 바다에서 만들어졌다는 거야. 바다에서 최초의 침전이 일어나 지구의 기반이라고 할 수 있는 화강암과 태고의 암석이 만들어졌다는 것이지. 원시 바다에 큰 폭풍우가 몰아쳐서 원시 암석의 표면은 가루가 되고, 그 파편들로 과도기의 암석이 만들어졌다는 거야. 그리고 바다가 잔잔해진 다음 가루가 가라앉아 수성암, 석회암, 석탄, 현무암이 만들어지고 점토, 모래 등이 쌓였다는 것이지."

"어디서 많이 들었던 이야기 같아요."

별이는 기억을 더듬으려고 애쓰며 말했다.

"맞아, 성서에 나오는 노아의 홍수 이야기가 영향을 미친 거란다. 더군다나 베르너가 살았던 독일의 현무암은 대부분 높은 산의 정상 부근에 있고, 수성암이 다른 암석의 표면을 덮고 있었다고 해. 또한 현무암 알갱이는 작아 가루가 침전된 것이라 생각한 베르너는 현무암이 수성암이라고 주장했던 거야. 그리고 화강암에서는 석영, 장석 등의 큰 결정을 볼 수 있는데 소금물에서 소금 결정이 석출되듯이, 원시 바다에서 이와 같은 결정이 석출되었거든. 그래서 베르너는 화강암도 수성암이라고 했던 거지."

"그랬군요. 그래도 뭐 나름대로 이론이 정립되어있기는 했네요. 무턱대고 주장하는 것은 아니었네요~."

"허턴은 실제로 여러 지질 지역을 답사하고 많은 암석들을 관찰하며 지구의 과거 역사는 현재 우리가 눈앞에 보고 있는 과정으로 설명할 수 있어야 한다고 생각했단다."

"지금 일어나는 일들을 보면 과거를 알 수 있다, 그런 얘기인 거죠?"

"그렇지, 현재는 과거를 푸는 열쇠라는 거지. 허턴의 이러한 생각은 라이엘(C. Lyell)과 진화론을 주장한 다윈(Charles Robert Darwin)에게 계승되었단다."

별이는 걸으면서 생각했다.

'지금 내 발에 걸려 차이는 이 돌은 얼마나 오래된 것일까?'

평소엔 너무 익숙하기만 해서 그 존재 자체를 잘 인식하지 못했던 많은 것들, 아주 오랜 세월을 살아 온 지구의 모든 것이 갑자기 신기하게 느껴지기 시작했다.

좀더 알아볼까요?

암석은 어떻게
만들어지는 걸까요?

암석은 어떻게 만들어지느냐에 따라 세 종류로 나눕니다. 지구 내부의 마그마가 식어서 굳어진 암석은 화성암이라고 하며 자갈, 모래, 진흙 등이 쌓여서 만들어진 암석은 퇴적암이라고 하죠. 그리고 화성암과 퇴적암이 열과 압력에 의해 변하면 변성암이 되는 것이지요. 예를 들어 퇴적암이 쌓이고 쌓여서 압력을 계속 받는다든가 주위의 조산운동과 같은 변화로 마그마가 관입한다면 열을 받아 변성이 일어난답니다. 이것은 화성암의 경우도 마찬가지입니다. 그런데 변성이 너무 지나쳐 녹아버리면 그것은 마그마가 되는 것이고 이것이 다시 굳어서 광물결정이 형성되면 화성암이 되는 것입니다. 따라서 모든 암석은 정지해 있는 것이 아니라 주변의 환경, 즉 압력, 온도 등의 조건에 따라 변할 수 있습니다.

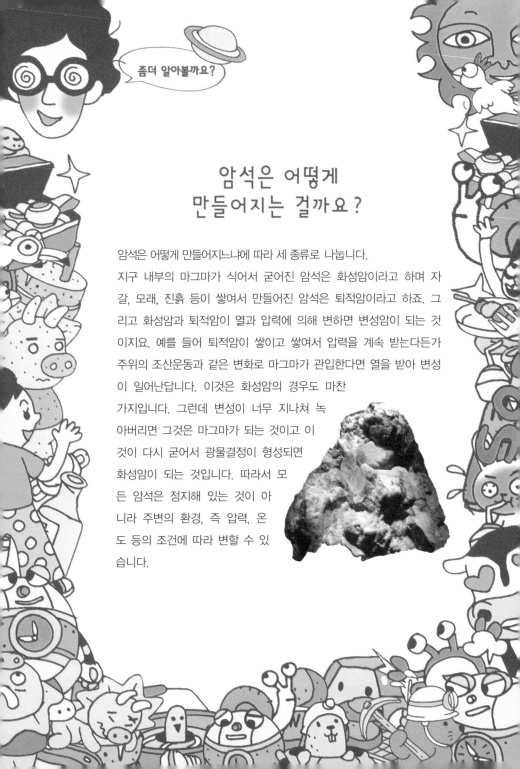

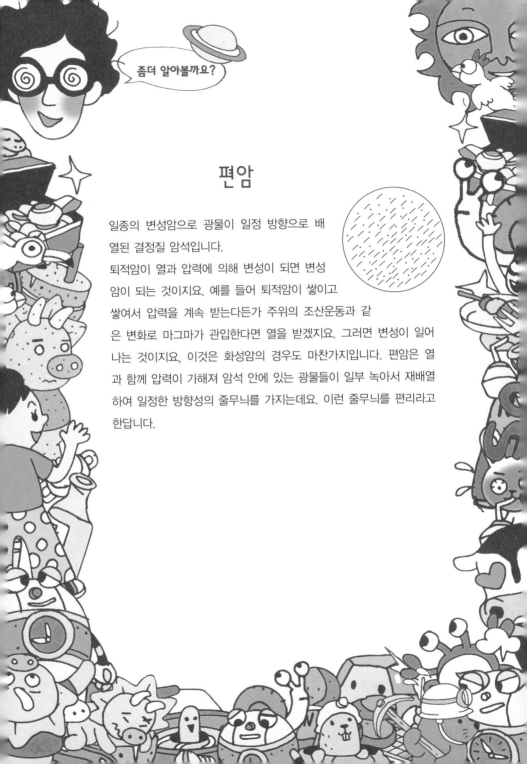

편암

일종의 변성암으로 광물이 일정 방향으로 배열된 결정질 암석입니다.
퇴적암이 열과 압력에 의해 변성이 되면 변성암이 되는 것이지요. 예를 들어 퇴적암이 쌓이고 쌓여서 압력을 계속 받는다든가 주위의 조산운동과 같은 변화로 마그마가 관입한다면 열을 받겠지요. 그러면 변성이 일어나는 것이지요, 이것은 화성암의 경우도 마찬가지입니다. 편암은 열과 함께 압력이 가해져 암석 안에 있는 광물들이 일부 녹아서 재배열하여 일정한 방향성의 줄무늬를 가지는데요. 이런 줄무늬를 편리라고 한답니다.

용암이 동굴의 어머니라고요?
　　　　　　－용암동굴 이야기

　지난 여행 이후 별이는 생각이 참 많아졌다. 우선 매일 접하던 모든 것들이 좀 달라보였다. 지금 살고 있는 현실이 그냥 현실이 아니라 과거와 현재, 그리고 미래로 통해 있고, 이 지구상의 구석구석 다양한 지역들과도 관계를 맺고 있는 것 같았다. 그래서 별이는 혼자서 고민하고 무언가에 몰두해 있는 시간이 많아졌다.

　어느 토요일 오후, 이런 별이를 지켜보기만 하던 천체 삼촌이 별이에게 말을 걸었다.

　"아하하하~ 우리 별이, 사춘기가 시작된 건가?"

　"아유~ 삼촌, 그런 거 아니에요. 아무것도 모르면서……."

"하하하, 모르긴 뭘 몰라. 별이야, 삼촌이랑 좀 색다른 여행을 떠나볼래?"

천체 삼촌은 별이의 기분을 전환시켜줄 생각으로 여행을 제안했다.

"여행이요? 눈깜짝씨 타고 시간과 공간을 마구 헤집고 다녔더니 머리가 다 복잡해졌는걸요. 싫어요. 그냥 여기 있을래요."

"하하하하, 우리 별이 큰 병에 걸린 것 같구나. 하지만, 이번 여행은 좀 색다른 여행인걸. 눈깜짝군과 함께 가는 여행이 아니라, 별이와 삼촌이 직접 떠나는 여행이란다."

"네? 그럼 진짜 여행을 가자는 거예요? 그럼, 눈깜짝씨가 섭섭해 하지 않을까요?"

"걱정 붙들어 매어놓아도 된단다. 기억나니? 삼촌의 친구 더부룩 삼촌?"

"그럼요~. 트림을 너무 많이 하고, 입 냄새가 심하던 그 삼촌이잖아요?"

"그래. 그 더부룩 삼촌이 엽기적인 박사님을 한 분 모시고 있는데 그분이 연구에 좀 필요하다고 해서 눈깜짝군을 빌려드렸지. 아마도 더부룩 삼촌의 몸속을 탐험할 것 같더구나."

"아, 그랬군요. 제가 좀 무심했네요. 눈깜짝씨는 곧 돌아오는 거죠?"

"그럼, 돌아오지. 이 삼촌의 천재적인 두뇌로 만든 이 세상 유일한 타임머신인데 말이야. 그나저나 어때? 삼촌하고 떠나는 꿈 같은 여행, 하하하하~."

별이는 곰곰이 생각했다. 눈 깜짝 하는 사이에 도착해 버리는 그런 여행이 아니라 시간과 공을 들여서 떠나는 여행이라……. 그래, 기분 전환도 할 겸 한번 가볼까?

"좋아요. 삼촌. 우리 여행 가요."

"좋았어~. 그럼, 별이야 배낭에 비상약과 비상식량 같은 걸 좀 챙기고 내일 아침에 떠나자꾸나."

"네. 근데 삼촌, 룡이도 데리고 가도 되나요? 아무도 없는 연구실에 혼자 있으려면 심심하고 외로울 거 아니에요."

"어, 별 문제 없지. 룡이가 아무데서나 불만 뿜어대지 않는다면 말이야."

옆에서 두 사람의 얘기를 귀 기울여 듣고 있던 꼬마 공룡 룡이는 짧은 앞발로 자신의 입을 막으면서 불을 뿜어내지 않겠다는 다짐을 했다.

다음날 아침.

곤히 잠을 자던 별이는 옆에서 같이 자던 룡이의 따듯한 기운에 눈을 번쩍 떴다.

"룡아, 지금부터는 불을 좀 자제하는 연습을 해야 해. 지금처럼 아무 때나 불을 뿜어내면 큰일이거든."

룡은 '아차!' 싶었는지, 앞발로 X자를 만들어 자신의 의지를 다시 한번 다짐했다.

침대 머리맡에 놓인 시계를 보니 벌써 7시 30분을 가리키고 있었다. 별이는 얼른 자리에서 일어나 외출 준비를 마치고 어제 미리 준비해 둔 배낭을 메고는 계단을 내려갔다.

"삼촌! 어서 가요~!"

연구실 안에서 삼촌은 마치 영화 「인디아나존스」에 나오는 탐험가와도 같은 복장을 하고는 커다란 배낭을 메고 별이를 기다리고 있었다.

"어, 그래. 여행을 가기에 좋은 아침이구나. 자. 준비가 다 되었으면 떠나볼까?"

별이와 룡, 그리고 천체 삼촌은 비장한 각오를 한 듯 대문을 나서 첫 번째 여행지를 향해 출발했다. 마을버스를 타고 다른 버스로 갈아타고 다시 지하철로 환승해서 김포공항에 도착했다. 처음으로 비행기를 타보는 룡이는 창밖으로 보이는 구름기둥과 하늘을 보느라 넋을 빼놓고 있었다.

"우리 별이, 제주도는 처음인가?"

옆자리에 앉아서 기내에서 주는 음료를 마시고 있던 삼촌이 별이에게 물었다.

"네, 삼촌. 작년 여름방학에 갈 뻔했었는데, 엄마 아빠가 너무 바빠서 휴가를 낼 수가 없었어요. 제주도에 정말 가보고 싶었어요. 고마워요, 삼촌."

별이는 활짝 웃으면서 삼촌에게 감사의 인사를 했다.

"고맙기는 뭘. 우리 별이가 이렇게 좋아하니 이 삼촌 마음이 다 뿌듯하구나, 아하하하하. 그나저나 말이다. 우리 별이 지난번에 텔레비전에서 용암을 봤지? 용암에 대해서 아는 것이 있니?"

"네, 용암은 돌이 녹은 물로 지표로 흘러나온 마그마잖아요."

"그렇지. 역시 우리 별이 똑소리 나는구나!! 이 삼촌은 우리 별이가 자랑스럽다. 근데 말이다, 이 용암이 지표로 흘러나와 식으면서 재미있는 모양을 만들기도 한단다."

"재미있는 모양이요?"

천체 삼촌과 별이가 용암에 대한 이야기를 하는 사이, 비행기는 제주도 공항에 착륙했고, 삼촌은 택시를 잡아 별이와 룡이를 어디론가 데리고 갔다.

"여기가 어디에요? 무슨 터널 같아요."

별이가 삼촌과 함께 도착한 곳은 무슨 동굴이었다.

"이곳은 용암동굴이란다. 용암이 땅속을 지나간 길이지. 제주도에는 만장굴과 협재굴 등 많은 용암동굴이 분포한단다. 제주도의 용암동굴은 주로 경사가 완만한 지대에서 분포하는데 특히 북서쪽과 북동쪽에 많이 있지. 용암동굴 내부는 보이는 것처럼 석회동굴과는 다르게 직선적이며 수평적인 형태란다. 혹시 용암의 종류도 아니?"

"네, 끈적끈적한 화강암질 용암이 있고 잘 흘러내리는 현무암질 용암이 있어요."

"그래, 맞아. 어떤 쪽이 용암동굴을 잘 만들 것 같니?"

"글쎄요. 아무래도 잘 흘러내려야 이렇게 긴 동굴을 만들 수 있지 않을까요?"

"그렇지, 용암동굴이 형성되기 위해서는 용암이 고온이며 점성도가 낮은 현무암 용암으로 양이 많아야 한단다. 그리고 지면이 약간 경사지어서 멀리까지 흐를 수 있어야 하지."

"삼촌, 용암동굴이 만들어지는 과정을 자세히 알고 싶어요."

천체 삼촌은 별이를 어느 가상체험관으로 데리고 가셨다. 그곳은 용암을 직접 체험해볼 수 있도록 꾸며진 곳이었다. 별이는 온몸이 불타는 것처럼 매우 뜨거워지고 있음을 깨달았다.

"삼촌, 여긴 너무 뜨거워요."

　룡이도 입에서는 시커먼 연기를 내뿜으면서 계속 '헥헥~' 거리
고 있었다.

　"아하하하하, 진짜 용암이 흐르는 게 아니라서 델 일은 없을 테
니 걱정 말고 저기를 좀 보렴. 용암이 지나가는 게 보이지?"

　삼촌이 가리킨 곳에는 단단한 암석표면이 보였다. 그리고 그 위
로 용암이 많이 흐르고 있었다. 별로 끈적임이 없는지 그 용암은 무
척 잘 흘러가고 있었다. 이 용암의 온도는 섭씨 1,100도. 공기와 접
하는 표면 부분이 먼저 식어서 굳고 있었다. 그러나 두꺼운 용암층
의 내부는 아직 액체 상태이다. 따라서 용암류의 내부에서는 용암
류가 앞부분의 단단한 껍질부분을 깨면서 계속 흐르고 있었다. 화

산활동이 약해지면서 공급되는 용암류가 적어지면서 용암층 속에는 공간이 생겨 터널이 만들어졌다. 드디어 용암동굴이다. 그 후 화산활동이 계속되어 분출된 용암은 용암동굴이 통로가 되어 마치 하천에 물이 흘러가듯이 동굴 벽에 여러 가지 구조를 만들면서 동굴 속을 흘러가고 있었다.

"용암동굴은 여러 개의 용암층에서 여러 개가 만들어질 수 있단다. 여러 용암층에서 만들어진 용암터널이 무너져 연결되어 아주 큰 규모의 용암동굴이 형성되기도 하지."

"전에 제가 가봤던 동굴하고는 모양이 좀 다른데요."

"다른 동굴이라고? 어디를 갔었니?"

"강원도 영월 지역에 있는 동굴이에요. 그런데 그 동굴은 여기 용암동굴처럼 큰 터널만 있는 것이 아니고 여러 가지 기둥 모양이 천장에서 내려오고 바닥에도 솟아 있었는데, 땅만 보고 가다가 머리를 부딪치기도 했거든요."

"음, 별이 네가 본 동굴은 석회동굴이야. 석회동굴은 용암동굴과 다르단다."

"어떻게요?"

"자, 여길 보렴. 여기 자세하게 씌어있지? 석회동굴과 용암동굴의 차이가 말이야. 시간을 좀 줄 테니 잘 읽어보렴."

별이는 박물관 한편에 자리 잡은 설명판을 꼼꼼히 읽기 시작했다.

"석회 동굴이 구경할 것도 많고 더 멋진 것 같아요."

"석회동굴은 종유석과 석순도 있어서 아기자기한 멋이 있는 것
에 비해 용암동굴은 좀 단순하지."

"다음에 다시 한번 석회동굴에 가보고 싶어요. 석회동굴에 대해

석회동굴과 용암동굴의 차이점

__석회동굴
- 석회동굴은 석회암 지역이 지하수에 의해서 녹아서 만들어진 동굴이에요.
- 석회암은 탄산칼슘($CaCO_3$)성분으로 약산성의 지하수에 의해 녹아 구멍
  이 생기는 거죠.
- 녹았던 탄산칼슘이 물이 증발하면서 다시 석회암이 되어 천장과 바닥에
  기둥을 만듭니다.

__용암동굴
- 용암동굴은 용암이 흐르면서 뚫은 동굴이죠.
- 석회암과 같은 종유석이 없고 용암이 흐른 자국을 볼 수 있죠.

알고 난 후 직접 보면 느낌이 많이 다른 것 같아요."

　"우리 별이가 이제 진정 공부다운 공부를 하게 되었구나. 역시 책상에 앉아서 책만 보는 것보다야 이렇게 현장을 직접 방문해서 눈으로 보고 귀로 듣고 손으로 만져보면서 하는 공부가 진국이지, 아하하하하."

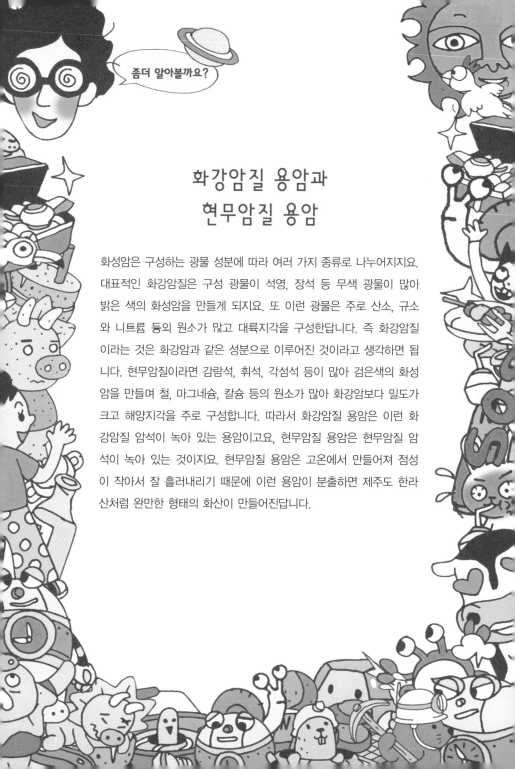

화강암질 용암과
현무암질 용암

화성암은 구성하는 광물 성분에 따라 여러 가지 종류로 나누어지지요. 대표적인 화강암질은 구성 광물이 석영, 장석 등 무색 광물이 많아 밝은 색의 화성암을 만들게 되지요. 또 이런 광물은 주로 산소, 규소와 니트륨 등의 원소가 많고 대륙지각을 구성한답니다. 즉 화강암질 이라는 것은 화강암과 같은 성분으로 이루어진 것이라고 생각하면 됩니다. 현무암질이라면 감람석, 휘석, 각섬석 등이 많아 검은색의 화성암을 만들며 철, 마그네슘, 칼슘 등의 원소가 많아 화강암보다 밀도가 크고 해양지각을 주로 구성합니다. 따라서 화강암질 용암은 이런 화강암질 암석이 녹아 있는 용암이고요, 현무암질 용암은 현무암질 암석이 녹아 있는 것이지요. 현무암질 용암은 고온에서 만들어져 점성이 작아서 잘 흘러내리기 때문에 이런 용암이 분출하면 제주도 한라산처럼 완만한 형태의 화산이 만들어진답니다.

이상한 기둥 절벽 해안
―주상절리 이야기

별이와 천체 삼촌은 용암동굴에 대한 공부도 했지만, 이병헌과 송혜교가 나왔던 드라마 「올인」의 촬영현장에도 찾아가보는 등 재미있는 볼거리들을 많이 보았다. 점심을 배부르게 먹은 별이 일행은 식당에서 휴식을 취하고 있었다. 별이가 룡이와 한참 장난을 하면서 놀고 있는데, 삼촌은 창쪽 의자에 앉아서 하염없이 창밖을 바라보고 있는 게 아닌가?

"삼촌! 뭘 아까부터 뚫어지게 쳐다보고 있는 거예요?"

삼촌은 별이의 질문에 손을 쭉 뻗어서 아까부터 보았던 바닷가의 절벽을 가리켰다.

'커다란 기둥이 비쭉비쭉 서 있는 절벽이 뭐 어떻다는 거지?'

의아하게 생각하고 있는데 삼촌이 얘기했다.

"자, 우리 저 절벽으로 한번 가볼까?"

별이와 룡이는 삼촌을 따라 절벽 위에 도달했다.

"삼촌, 여긴 너무 아찔해요. 여긴 왜요?"

"그래, 높긴 참 높구나. 점심을 든든히 먹지 않았더라면 어지러워서 떨어질 뻔했겠다."

삼촌도 별이처럼 고개를 쭉~ 빼서 절벽 밑을 한번 힐끗 보더니 말했다.

"우와! 삼촌, 이 암석들 모양 좀 보세요. 어떻게 이런 기둥모양이 된 걸까요?"

"마그마가 식으면서 기둥모양으로 갈라져서 이런 모양이 된 것이란다."

"갑자기 식어서 이렇게 틈이 생기면서 갈라졌나 봐요."

"그래, 마그마가 식으면서 갑작스런 수축이 일어나는 경우나 압력을 받아 틈이 생기지. 현무암의 경우 이런 기둥모양으로 쪼개진 것을 주상절리라고 한단다."

"정말 자연의 신비란 대단한 것 같아요. 거대한 힘 같은 게 느껴져요."

"원래 인간의 힘으로는 따라갈 수 없는 것이 바로 자연의 힘이란다. 그만큼 자연 앞에서 인간은 겸손해져야 하는데 말이지."

별이는 천체 삼촌의 마지막 말에 공감했다. 우리에게 너무 많은 혜택을 주는 자연에게 우리는 얼마나 모질게 대했던가. 우리 땅, 우리 자연. 아직도 모르는 게 너무 많은 우리 땅에 대해서 계속 애정을 가져야겠다는 생각이 들었다.

절리란 무엇일까요?

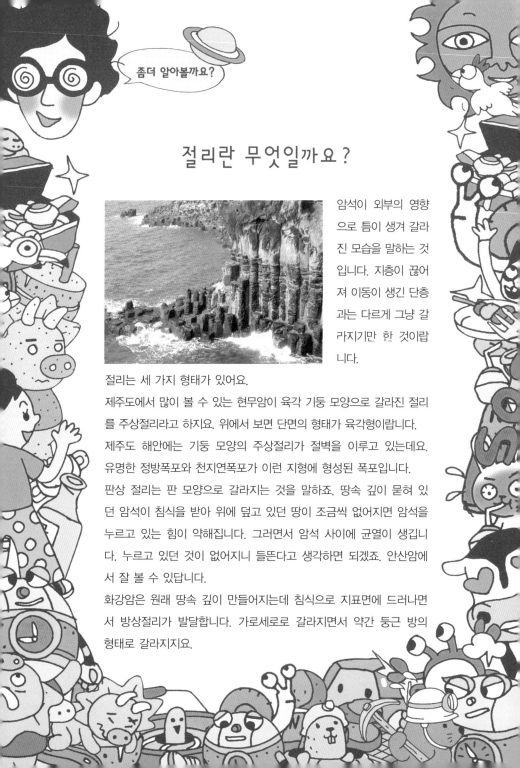

암석이 외부의 영향으로 틈이 생겨 갈라진 모습을 말하는 것입니다. 지층이 끊어져 이동이 생긴 단층과는 다르게 그냥 갈라지기만 한 것이랍니다.

절리는 세 가지 형태가 있어요.

제주도에서 많이 볼 수 있는 현무암이 육각 기둥 모양으로 갈라진 절리를 주상절리라고 하지요. 위에서 보면 단면의 형태가 육각형이랍니다.

제주도 해안에는 기둥 모양의 주상절리가 절벽을 이루고 있는데요. 유명한 정방폭포와 천지연폭포가 이런 지형에 형성된 폭포입니다.

판상 절리는 판 모양으로 갈라지는 것을 말하죠. 땅속 깊이 묻혀 있던 암석이 침식을 받아 위에 덮고 있던 땅이 조금씩 없어지면 암석을 누르고 있는 힘이 약해집니다. 그러면서 암석 사이에 균열이 생깁니다. 누르고 있던 것이 없어지니 들뜬다고 생각하면 되겠죠. 안산암에서 잘 볼 수 있답니다.

화강암은 원래 땅속 깊이 만들어지는데 침식으로 지표면에 드러나면서 방상절리가 발달합니다. 가로세로로 갈라지면서 약간 둥근 방의 형태로 갈라지지요.

한여름에도 얼음이 녹질 않아요
-얼음골 이야기

　제주도 여행을 마친 별이 일행은 돌아오는 주말에는 경상남도 밀양시와 울산광역시의 경계에 위치한 천황산(해발 1,189미터) 등산을 가기로 했다. 천체 삼촌이 별이에게 꼭 보여주고 싶은 것이 있었기 때문이다. 다음 주말, 별이는 삼촌과 함께 천황산 북쪽 중턱에 자리한 골짜기 경사가 급한 언덕을 올라 계곡 안의 철책 앞에 섰다.

　"우와, 땀 흘리면서 높은 곳까지 올라와서 그런지 여기는 너무 시원하게 느껴져요. 바람이 마치 에어컨을 켜 놓은 것 같아요."
　"와~ 정말 시원하구나. 여기는 여름에는 얼음이 얼고 겨울철에는 계곡 물이 얼지 않고 오히려 더운 김이 오른다는 신비한 곳이지.

이 얼음골 계곡입구에 들어서면 냉장고 속에 들어간 듯 차가운 얼음 바람을 맛볼 수 있지. 계곡 물에 발을 담가 볼까."

"네~ 삼촌."

룡이가 먼저 짧은 다리를 뻗어 계곡 물에 발을 담갔다. 발끝이 물에 닿기 무섭게 오돌오돌 떨면서 발을 빼는 룡이. 별이는 그런 룡이를 보면서 엄살은~ 하는 표정을 지었지만, 이내 담갔던 발을 빼고야 말았다.

"아휴, 차가워. 도저히 발을 오래 담그고 있지 못하겠는데요."

"그렇지. 이 물은 10초 이상 발을 담그기 어려울 정도로 차갑단다."

"이 골짜기는 여름에도 얼음이 녹지 않고 있다는 거죠. 정말 신기하네요. 좀더 가까이 가서 보고 와도 되나요?"

"그럼, 물론이지. 가까이 가서 보고 오렴. 삼촌은 여기서 기다릴 테니."

별이는 룡이와 함께 종종 걸음으로 가까이 다가가 자세히 살펴보았다.

"음 진짜 돌 사이에 눈처럼 붙어 있는 얼음이 보여요."

"겨울에 있던 눈이 아직 녹지 않은 거란다."

"그런데 여기 골짜기에는 돌이 무더기로 쌓여 있네요."

"이런 것들을 너덜겅이라고 한단다. 테일러스라고도 하고."

"하하, 너덜겅이요? 돌이 너덜너덜해졌나 봐요."

"뭐 그렇게 생각해도 좋다. 테일러스란 산비탈에 굴러 떨어진 돌들이 수북이 쌓인 거란다. 거대한 암석에서 떨어져 나온 돌 부스러기들이지. 너덜겅은 우리말로 돌이 많이 깔린 비탈이라는 뜻이야."

"진짜 재미있는 곳이에요."

"여기 말고 풍혈(風穴)이라고 해서 바람이 잘 부는 곳이 있단다."

"풍혈이라는 걸 보면 찬바람이 부는 구멍인가 보죠?"

"음, 그렇지. 궁금하다면, 그리고 별이가 원한다면 말이야. 다음 주엔 그곳도 가볼까?"

"네, 좋아요."

다음 주말 별이와 삼촌은 풍혈로 유명한 전북 진안 양산마을의 대두산 기슭에 도착하였다. 기슭 곳곳에서 서늘한 냉기가 뿜어져 나오고 있었다.

"이 산은 깨진 바위투성이네요."

"그래 여기 이 바위들 틈으로 찬바람이 나오지? 그래서 풍혈, 즉 바람구멍이라고 이름을 붙인 거야."

"여기도 얼음골과 비슷한가 봐요."

"풍혈도 얼음골과 마찬가지로 지하의 성긴 바위들 틈을 지난 공기가 바깥으로 나오는 순간 단열팽창(지표면이 가열되어 주변의 공기보다 온도가 높아진 공기 덩어리는 점점 올라가면서 주위의 기압이 낮아지므로 팽창하게 됩니다. 공기덩어리가 팽창하면 일을 한 것이므로 에너지를 잃어 공기덩어리의 온도가 낮아지지요. 이렇게 주변의 열 출입이 없는 상태에서 부피팽창으로 인해 온도가 내려가는 현상을 단열팽창이라고 하는 것이지요.)하며 급속히 냉각되기 때문이라고 생각한단다. 뒤의 깨진 바위투성이 산인 대두산 윗부분 바위틈으로 들어간 따뜻한 공기가 바위틈 사이를 지나 밑으로 내려오며 식은 뒤 바깥으로 흘러나오며 단열 팽창에 의해 재차 냉각되는 것이라 설명하는 것이지. 이들 얼음 굴이나 풍혈 지역은 바위들이 겹겹이 쌓여 있으며 암석은 단열효과가 유달리 높다는 화산암이라는 공통점이 있단다."

"이렇게 신기한 지형을 많이 보고 나니까 너무 재미있어요. 덕분에 제 마음도 한결 개운해졌고요."

별이가 천체 삼촌을 찾아와 지구 탐험을 시작한 지도 벌써 한 달이 지났다. 어느덧 방학도 끝나고 집으로 돌아가야 할 시간이 된 것이다. 정말이지 하루만큼 짧게 느껴지는 한 달이었다. 이번 방학동안에 별이가 얻은 것은 두 가지이다.

첫 번째는 생김새와 행동 때문에 절대로 가까워질 수 없을 것 같았던 천체 삼촌에 대해서 많은 것을 알게 되었다는 것이다. 친절하신 천체 삼촌. 우리나라뿐 아니라 전 세계인들이 좋은 세상에서, 좋은 환경에서 살 수 있도록 혼신의 힘을 다 쏟고 있는 삼촌이 정말 자랑스러웠다. 이제 별이가 집으로 돌아가면 예전처럼 일년에 단 몇 번만 삼촌을 만나게 될 것이다. 별이가 별이의 자리에서 최선을 다할 것처럼 천체 삼촌도 아직 완성하지 못한 소 트림 억제약을 발명하기 위해서 최선을 다하실 거다. 눈깜짝씨와 룡이의 도움을 받기도 하고 또 의견 차이로 인해 사소한 일들을 가지고 쿵쾅쿵쾅 다툼을 하면서 말이다.

천체 삼촌, 눈깜짝씨 그리고 룡이.
정말 그립고 또 보고 싶을 거예요!

두 번째는 별이는 천체 삼촌 덕분에 우리나라 여기저기를, 특히 신기한 지역을 많이 돌아볼 수 있었다는 거다. 그리고 그 지역들이 오랜 지구 역사를 겪으면서 만들어졌다는 사실도 알 수 있었다.

집으로 돌아오는 길에 별이는 지구가 우리에게 많은 선물을 주고 있다는 사실에 대해 생각해보았다. 따뜻한 보호막 역할을 해 주는 대기와 우리에게 무한한 자원을 주는 땅. 대기가 없다면 지금처럼 따뜻하게 살 수 있었을까? 운석을 맞지 않고 살 수 있었을까? 누구나 좋아하는 많은 보석들은 어디서 나오는가? 반도체, 도자기, 화장품, 유리창, 음료수 캔 등 우리 주위에 많은 물건들을 우리는 어디에서 얻는가? 이런 생각을 하자 우리 지구가 주는 고마운 혜택이 새삼 더 값지게 느껴졌다.

고맙다 지구야!
정말 고맙다!!

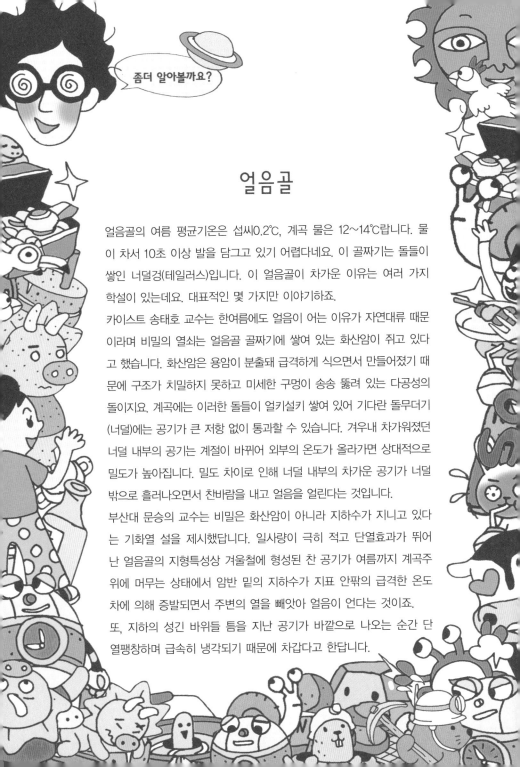

얼음골

얼음골의 여름 평균기온은 섭씨0.2℃, 계곡 물은 12~14℃랍니다. 물이 차서 10초 이상 발을 담그고 있기 어렵다네요. 이 골짜기는 돌들이 쌓인 너덜겅(테일러스)입니다. 이 얼음골이 차가운 이유는 여러 가지 학설이 있는데요. 대표적인 몇 가지만 이야기하죠.

카이스트 송태호 교수는 한여름에도 얼음이 어는 이유가 자연대류 때문이라며 비밀의 열쇠는 얼음골 골짜기에 쌓여 있는 화산암이 쥐고 있다고 했습니다. 화산암은 용암이 분출돼 급격하게 식으면서 만들어졌기 때문에 구조가 치밀하지 못하고 미세한 구멍이 송송 뚫려 있는 다공성의 돌이지요. 계곡에는 이러한 돌들이 얼키설키 쌓여 있어 기다란 돌무더기(너덜)에는 공기가 큰 저항 없이 통과할 수 있습니다. 겨우내 차가워졌던 너덜 내부의 공기는 계절이 바뀌어 외부의 온도가 올라가면 상대적으로 밀도가 높아집니다. 밀도 차이로 인해 너덜 내부의 차가운 공기가 너덜 밖으로 흘러나오면서 찬바람을 내고 얼음을 얼린다는 것입니다.

부산대 문승의 교수는 비밀은 화산암이 아니라 지하수가 지니고 있다는 기화열 설을 제시했답니다. 일사량이 극히 적고 단열효과가 뛰어난 얼음골의 지형특성상 겨울철에 형성된 찬 공기가 여름까지 계곡주위에 머무는 상태에서 암반 밑의 지하수가 지표 안팎의 급격한 온도차에 의해 증발되면서 주변의 열을 빼앗아 얼음이 언다는 것이죠.

또, 지하의 성긴 바위들 틈을 지난 공기가 바깥으로 나오는 순간 단열팽창하며 급속히 냉각되기 때문에 차갑다고 한답니다.

지구과학 선생님의 마지막 한 말씀

 수업시간 중

"어제 뉴스 봤니? 커다란 해파리들이 해수욕장에 나타나 사람들이 쏘여서 다쳤단다. 그 해파리들 주로 열대 바다에 사는 건데 우리나라 바닷물 수온이 높아져서 올라온 거야. 어때? 지구 온난화가 실감나지 않니?"

"어휴, 선생님은 해파리 나타난 것에다가 지구 온난화까지, 참 잘 갖다 붙이세요."

그래 난 그러고 싶다. 사실 과학이라는 게 그렇지 않은가, 우리 생활에서 궁금하다고 느끼는 점 해결하기. 알고 보면 주위에 궁금한 것도 많고 해보고 싶은 일도 많은데 우리가 배운 지구과학 시간의 모든 얘기들이 사실 지금 우리 지구에 관한 이야기인데 무엇이라도 갖다 붙여서 학생들이 실감나게 느끼도록 해 주고 싶다.

때로는 잘못된 뉴스도 지적해 주고 말이야.

지진이 일어날 때마다 아나운서들이 이야기하던 리히터 지진계라는 것은 없고 지진을 리히터 규모로 나누는 거다. 리히터라고 하는 사람이 우드-엔더슨 지진계로 측정한 규모를 리히터 규모라고 하는 것이다.

참! 얼마 전에도 이상한 뉴스가 나왔다. 지구가 소행성과 충돌할 거라는 위협적인 뉴스가 나와서 다음 날 아이들과 아마겟돈 이야기를 나눈 적이 있다. 사실 이 뉴스 몇 년 전에 나온 것인데 천문학자들이 소행성의 궤도 계산 착오라고 밝혔음에도 이런 뉴스가 또 나온 것이다.

"음……. 이번 기회에 소행성이 어디 있나 찾아보고 무엇으로 이루어졌는지 알아볼까?"

"오호, 선생님 또 한 건 잡으셨네요. 선생님 흥분하셨다."

학생들이 놀리건 말건 이런 기막힌 뉴스를 이용해야지.

 동아리 활동 중

나는 10년 내내 지구과학반을 맡아서 운영하고 있다. 자의반 타의반, 다른 동아리가 무엇이 있는지도 모르겠고 다른 동아리를 맡는다는 것은 꿈도 못 꾼다. 지구과학반과 같이 연구하고 학교 축제 때 연구 활동을 발표하는 그 기쁨이란 정말 뿌듯한 감동 그 자체이다.

아! 그리고 그들과 같이 견학 가는 곳이 꼭 있다. 자연사박물관. 지구과학반 학생들과 같이 자연사박물관에 같이 가서 지구의 역사를 보는 재미에 빠진다. 학생들은 늘 보석 광물이나 공룡 뼈 화석에만 매달려 있지만 말이다.

"이것 봐, 이 보석들도 다 돌이야. 여기 이 다른 광물들과 다를 바가 없다고."

"선생님은 이렇게 아름다운 보석을 보시면서 꼭 그렇게 초를 치셔야겠어요?"

그래도 어쩌겠냐. 진실은 돌인 것을.

 학교 축제 후

지구과학반 학생들과 일년을 꼬박 준비하고 축제 전 주는 거의 잠

도 못 자며 준비를 한다. 화석도 만들어 보고 별자리판도 만들어 보고 화산 분출 실험도 해보고 지구에 관한 자료도 준비하고 말이다.

축제날 준비했던 내용을 잘 발표하는 학생들을 보면 기특하기 짝이 없다. 지구과학반의 전시를 보고 나가는 학생들이 신기해 하고 만든 화석이나 별자리판을 들고 나가는 모습을 보면 뭔가 전해 줬다는 기분에 지구과학반 녀석들이 더 흥분하기도 한다. 이렇게 지구에 대해 하나씩 알아가고 지구의 공기와 땅과 바다 그리고 돌에 대해 안다면 지구에 대한 사랑이 더욱 커지지 않을까. 아는 만큼 아낄 수 있을 것이다. 내가 사는 지구에 대해 말이다.

가끔 밤을 같이 보내거나 밤하늘을 보고 오라고 시킨 뒤에 학생들과 이야기를 나눈다.

"선생님 요즘 밤하늘에 잘 보이는 그 반짝이는 게 무엇인가요?"

"오! 화성이다. 너희들도 찾아봐라."

"선생님 지난 시간에 배웠던 오리온 자리와 북극성도 찾았어요."

"그래 잘했다. 그런데 너희들 그거 아니. 내가 지금 쳐다보는 북극성의 별빛이 470년 전에 출발한 거야."

"네에?"

그래 470년 전이다.

내가 지금 보고 있는 별들은 대부분 수십 년 수백 년 또 수천 년 전에 출발한 빛이다. 우리가 과거를 보기 위해 타임머신을 타지 않아도 오늘 밤하늘만 쳐다보면 과거로의 여행이 가능하다. 이 책은 그런 느낌에서 시작했다. 내가 과거를 본다. 과거 속의 지구는 어땠을까, 앞으로 지구는 어떻게 될까, 이런 생각들을 해 보았다. 이 책을 통해 이런 지구로의 탐험이 재미있고 유익한 정보를 전해 주었으면 한다.

호기심 소녀 별이와 괴짜 삼촌의 지구 탐험기

펴낸날   초판 1쇄 2006년 1월 13일
         초판 5쇄 2011년 9월 5일

지은이   김현빈
펴낸이   심만수
펴낸곳   (주)살림출판사
출판등록 1989년 11월 1일 제9-210호

경기도 파주시 교하읍 문발리 파주출판도시 522-1
전화   031)955-1350   팩스   031)955-1355
http://www.sallimbooks.com
book@sallimbooks.com

ISBN   978-89-522-0475-1   43450